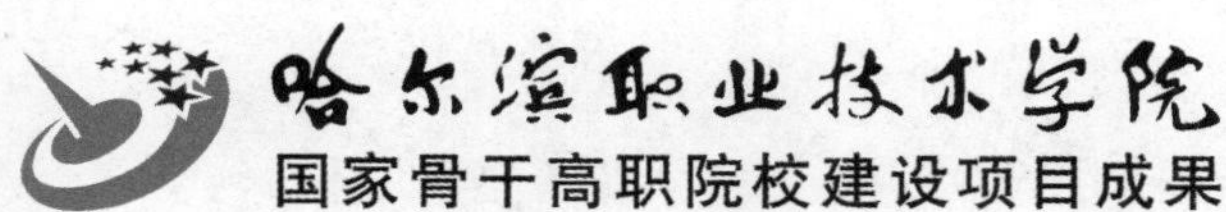

道路桥梁工程技术专业

土木工程应用数学

徐秀艳　郭　鑫　主编

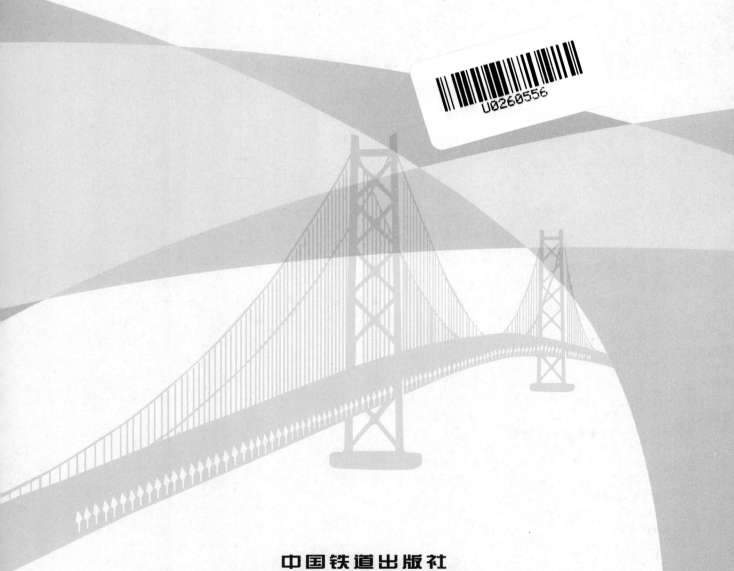

中国铁道出版社
CHINA RAILWAY PUBLISHING HOUSE

图书在版编目（CIP）数据

土木工程应用数学／徐秀艳，郭鑫主编．—北京：中国铁道出版社，2013.9（2016.8重印）

道路桥梁工程技术专业及专业群系列教材

ISBN 978－7－113－16953－4

Ⅰ.①土…　Ⅱ.①徐…　②郭…　Ⅲ.①土木工程—工程数学—高等学校—教材　Ⅳ.①TU12

中国版本图书馆CIP数据核字（2013）第152998号

书　　名：道路桥梁工程技术专业及专业群系列教材
　　　　　土木工程应用数学

作　　者：徐秀艳　郭　鑫　主编

策　　划：左婷婷

责任编辑：张丽娜　何　佳

封面设计：刘　颖

责任校对：龚长江

责任印制：李　佳

出版发行：中国铁道出版社（100054，北京市西城区右安门西街8号）

网　　址：http：//www.51eds.com

印　　刷：三河市华业印务有限公司

版　　次：2013年9月第1版　　2016年8月第3次印刷

开　　本：880 mm×1 230 mm　1/16　印张：9　字数：256千

印　　数：3 001～4 000册

书　　号：ISBN 978－7－113－16953－4

定　　价：28.00元

哈尔滨职业技术学院道路桥梁工程技术专业
教材编审委员会

编写说明

为了贯彻落实《国家中长期教育改革与发展规划纲要(2010—2020)》精神,更好地适应我国走新型工业化道路,实现经济发展方式转变、产业结构优化升级,建设人力资源强国发展战略的需要,进一步发挥国家示范性高职院校的引领带动作用,构建现代高等职业教育体系,在国家百所示范高职院校建设取得显著成效的基础上,2010 年国家教育部、财政部继续加强国家示范性高等职业院校建设,启动了国家骨干高职院校建设项目,在全国遴选了 100 所国家骨干高职院校,着力推进骨干高职院校进行办学体制机制创新,增强办学活力,以专业建设为核心,强化内涵建设,提高人才培养质量,带动本地区高等职业教育整体水平提升。

哈尔滨职业技术学院于 2010 年 11 月被确定为“国家示范性高等职业院校建设计划”骨干高职院校立项建设单位。学院在国家骨干高职院校建设创新办学体制机制,打造校企“双主体育人”平台,推进合作办学、合作育人、合作就业、合作发展的进程中,以专业建设为核心,以课程改革为抓手,以教学条件建设为支撑,全面提升办学水平。

学院与哈尔滨市公路工程处、龙建路桥股份有限公司等企业成立了校企合作工作领导小组,完善了道路桥梁工程技术专业建设指导委员会,进行了合作建站、合作办学、合作建队、合作育人的“四合模式”建设;创新了“校企共育、德能双修、季节分段”工学交替的人才培养模式,即以校企合作机制为保障,打造校企“双主体育人”合作平台,将学生的职业道德和职业能力培养贯穿于整个教育教学的始终,构建基于路桥建设工作过程导向课程体系,开发融入职业道德及岗位工作标准的工学结合核心课程,结合黑龙江省寒区特点,采取季节分段的工学交替教学方式,校企共同培养满足路桥施工一线的技术与管理岗位扎实工作的具有可持续发展能力的高端技能型专门人才;为了更加有效地实施该人才培养模式,制定了融入路桥企业职业标准及岗位工作要求的 10 门核心课程的课程标准,采取任务驱动的教学做一体化教学模式进行教学。

而教材建设作为教学条件中教学资源建设的重要组成部分，既是教学资源建设的关键，又是资源建设的难点。为此，学院组成了各重点专业教材编审委员会。道路桥梁工程技术专业教材编审委员会由职业教育专家、企业专家、专业核心课教师和公共核心课教师组成，历经三年多的不断改革与实践，编写了本套工学结合特色教材，由中国铁道出版社出版，为更好地推进国家骨干院校建设做出了积极贡献。

本套教材完全摆脱了以往学科体系教材的体例束缚，其特点如下：

1. 本套教材主要按照核心课程的教学模式改革要求进行编写，全部以真实的工作任务为载体，配合任务驱动教学做一体化的教学模式。

2. 本套教材的内容组织主要按照核心课程的内容改革要求进行编写，所有工作任务都是与施工企业专家和工程技术人员共同研究确定，选取具有典型效果的工程案例，形成了独具特色的教材内容。

3. 本套教材均采用相同的体例编写，同时采用了与任务驱动教学模式配套的六步教学法：

(1)完全打破了传统的知识体系的章节结构形式，采用全新的以路桥工程技术与管理人员的工作任务为载体的任务结构形式，设计了每项任务的任务单；

(2)教材中为培养学生的自主学习能力，设计了每项任务的资讯单和信息单；

(3)在信息单中，为学生顺利完成工作任务提供了大量的真实工程案例，各种解决方案，注重学生的计划能力和决策能力的培养，并设计了每项任务的计划单和决策单；

(4)教材中突出任务的实践性，注重学生的职业能力培养，设计了每项任务的实施单和作业单；

(5)在教材中设计了检查单和评价单，改革了传统的考核方式，采取分小组评价、个人评价和教师评价相结合的多元化评价方式，以过程考核为主，每个任务的各个环节均设有评价分值；

(6)为了使每名学生在完成任务后，都能够对自己的工作有个总结和反思，设计了教学反馈单。

总之，本套教材按照与学习领域课程体系、任务驱动教学模式、六步教学法及多元化考核评价方式等相对应的全新的教材体例编写而成。在本套教材的编写过程中，得到了合作企业及行业专家的大力支持，在此，表示由衷的感谢！由于教材实践周期较短，还不够完善，如有错误和不当之处，敬请专家、同仁批评指正。希望本套教材的出版，能为我国高职教育的发展做出应有的贡献。

哈尔滨职业技术学院道路桥梁工程技术专业

教材编审委员会

2013 年 8 月

前　言

FOREWORD

《土木工程应用数学》教材以土木工程系各个专业教学对数学知识的实际需求出发，以培养应用型人才为目标，在不破坏数学学科本身的内在逻辑性和发展趋势的基础上，选取有代表性的专业基础课及专业课中的实际案例作为数学概念的引入，并在应用中尽可能将数学理论与专业知识深度融合，以此达到更好地为专业服务及保证培养学生的可持续发展的能力和素质。本教材主要有以下几个特点：

1. 根据高素质应用型人才培养目标要求，打破了以往高等数学教材的编写方式及数学本身的系统性与完整性，突出数学的思想与方法，内容的选取更加精练，难度在一定程度上有所降低，更加注重数学在专业中的应用。

2. 本教材主要采用“案例及问题驱动”的方式编写，在这里我们精心选取了与专业紧密相关的案例，将抽象的数学概念及理论用形象且学生容易理解的案例引导出来，再由简单易懂的案例将教学的重点与难点有效地加以处理，让学生感觉到数学就像空气一样，时刻围绕在身边。极大地增加了学生学习数学的兴趣与动力。

3. 本教材采用了大量与案例匹配的图形，更加突出了教材的直观性。另外书后还附有常用公式表，以方便学生使用。

本教材参考学时为72学时，包括四个情境，引用了以下数学知识：向量代数、一元函数的微分学、一元函数的积分学、微分方程。通过四个学习情境使学生具备专业所需的数学知识、数学能力、数学素质及培养学生自主学习的能力。

徐秀艳

目 录
CONTENT

学习情境 1

工程力学中向量的计算

任　务　单

<table>
<tr><td>学习领域</td><td colspan="4">土木工程应用数学</td></tr>
<tr><td>学习情境</td><td colspan="2">工程力学中向量的计算</td><td>学时</td><td>8</td></tr>
<tr><td colspan="5">布 置 任 务</td></tr>
<tr><td>学习目标</td><td colspan="4">1. 掌握平面及空间直角坐标系的概念,会求两点间的距离.
2. 会求向量的模、方向角、方向余弦.
3. 会求向量在轴上的投影.
4. 掌握向量的线性运算及乘法运算,并能利用乘法运算求向量的夹角.
5. 会用向量知识解决工程力学中的实际问题.</td></tr>
<tr><td>任务阐述</td><td colspan="4">1. 利用对比法通过平面直角坐标系的概念学习空间直角坐标系的相关知识.
2. 通过工程力学中力的合成、分解及力的投影,学习向量的线性运算与向量的投影.
3. 通过力的做功及力矩,学习向量的数量积与向量积并解决实际问题.</td></tr>
<tr><td rowspan="2">学习安排</td><td>资讯</td><td>实施</td><td>检查</td><td>评价</td></tr>
<tr><td>2 学时</td><td>5 学时</td><td>0.5 学时</td><td>0.5 学时</td></tr>
<tr><td>学习参考资料</td><td colspan="4">1. 侯风波主编《应用数学》.
2. 梁弘主编《高等教学基础》.
3. 侯兰茹主编《高等数学》.
4. 同济大学主编《高等教学》.</td></tr>
<tr><td>对学生的要求</td><td colspan="4">1. 学习态度端正,积极主动参与小组学习.
2. 能够掌握向量的基本数学运算.
3. 能够用向量知识解决工程力学中的有关问题.
4. 认真查找相关资料,学会独立解决学习中出现的问题,按时完成作业.
5. 认真对待每一阶段的成绩考核,找差距补不足.</td></tr>
</table>

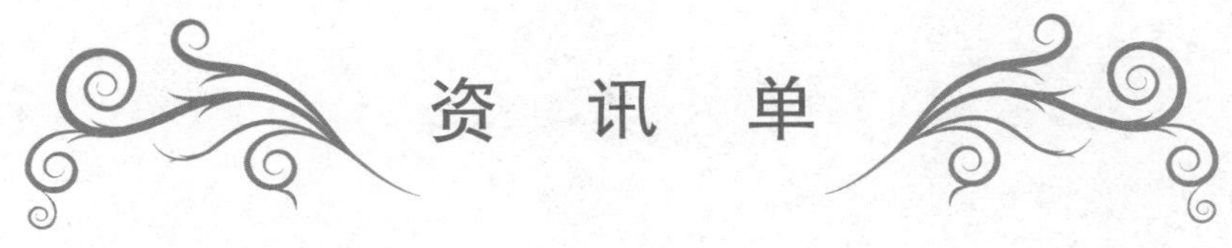

资 讯 单

学习领域	土木工程应用数学		
学习情境	工程力学中向量的计算	学时	8
资讯方式	学生根据教师给出的资讯引导及讲解进行解答		
资讯问题	空间直角坐标系的构成.		
	两点间的距离公式.		
	向量的表示,向量的模、方向角、方向余弦公式.		
	向量的线性运算法则.		
	向量的投影及坐标表示.		
	向量数量积的定义及计算公式.		
	向量向量积的定义及计算公式.		
资讯引导	1. 侯兰茹主编《高等数学》第六章. 2. 同济大学主编《高等数学》第七章. 3. 侯风波主编《应用数学》第十章. 4. 梁弘主编《高等数学基础》第八章.		

1.1 空间直角坐标系的构成

1.1.1 空间直角坐标系

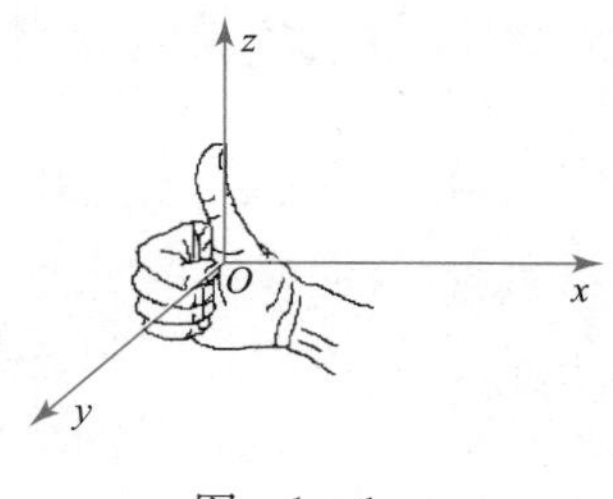

图 1-1

在空间内取定一点 O，过点 O 作三条具有相同长度单位，且两两互相垂直的数轴，分别称为 x 轴，y 轴，z 轴，这样就称建立了**空间直角坐标系** $Oxyz$. 点 O 称为**坐标原点**，x 轴，y 轴，z 轴统称为**坐标轴**，又分别叫做**横轴**、**纵轴**和**竖轴**．一般规定 x 轴，y 轴，z 轴的正向要遵循右手法则（见图 1－1），即以右手握住 z 轴，当右手的四个手指从正向 x 轴以 $\frac{\pi}{2}$ 角度转向正向 y 轴时，大拇指的指向是 z 轴的正向．

任意两条坐标轴确定的平面称为**坐标面**．由 x 轴和 y 轴，y 轴和 z 轴，z 轴和 x 轴所确定的坐标面分别叫做 xOy 面，yOz 面和 zOx 面．三个坐标面把空间分隔成八个部分，每个部分称为一个卦限，在 xOy 坐标面的上方，且在 x 轴、y 轴和 z 轴正半轴一侧的空间称为第Ⅰ卦限，其余卦限按逆时针方向依次称为第Ⅱ卦限、第Ⅲ卦限、第Ⅳ卦限．在 xOy 坐标面的下方与第Ⅰ卦限对应的空间称为第Ⅴ卦限，其余卦限按逆时针方向依次称为第Ⅵ卦限、第Ⅶ卦限、第Ⅷ卦限．如图 1－2 所示．

1.1.2 空间内一点的坐标

设点 M 是空间一点，过点 M 分别作与三条坐标轴垂直的平面，分别交 x 轴，y 轴，z 轴于 P,Q,R. 设点 P,Q,R 在三条坐标轴的坐标依次为 x,y,z，显然点 M 与有序数组 x,y,z 之间存在一一对应的关系．有序数组 x,y,z 称为点 M 的**坐标**，又分别叫做**横坐标**、**纵坐标**和**竖坐标**．点 M 可用坐标表示为 $M(x,y,z)$，如图 1－3 所示.

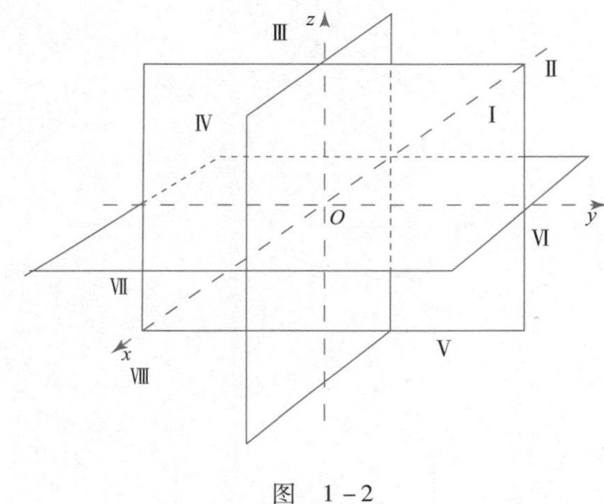

图 1－2

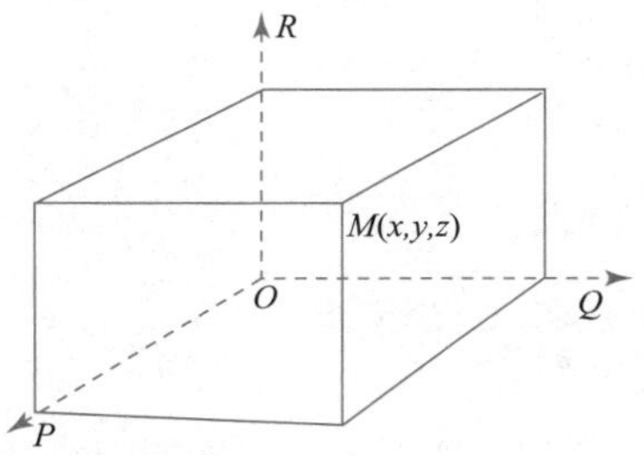

R
M(x,y,z)
O
Q
P

图 1－3

1.1.3 八个卦限中点的坐标符号

第Ⅰ卦限 $x>0,y>0,z>0$；　　第Ⅴ卦限 $x>0,y>0,z<0$；

第Ⅱ卦限 $x<0,y>0,z>0$；　　第Ⅵ卦限 $x<0,y>0,z<0$；

第Ⅲ卦限 $x<0,y<0,z>0$；　　第Ⅶ卦限 $x<0,y<0,z<0$；

第Ⅳ卦限 $x>0,y<0,z>0$；　　第Ⅷ卦限 $x>0,y<0,z<0$.

1.1.4 空间两点间的距离公式

设点 $M_1(x_1,y_1,z_1)$ 和 $M_2(x_2,y_2,z_2)$ 是空间两点，过 M_1 和 M_2 分别作垂直于 x 轴，y 轴，z 轴的平面，这六个平面围成一个以 M_1M_2 为对角线的长方体，如图 1－4 所示．从图中可以看到，该长方体的各棱长分别为：$|x_2-x_1|$，$|y_2-y_1|$，$|z_2-z_1|$. 由勾股定理可知点 M_1 和 M_2 间的距离为

$$|M_1M_2|=\sqrt{(x_2-x_1)^2+(y_2-y_1)^2+(z_2-z_1)^2}.$$

1.2 向量的线性运算

1.2.1 向量的概念

1. 向量的定义

既有大小又有方向的量称为**向量**或**矢量**. 几何上常用的有向线段表示向量,有向线段的长度表示向量的大小,有向线段的方向表示向量的方向,有向线段的起点和终点分别叫向量的**起点**和**终点**. 以点 A 为起点,点 B 为终点的向量记作 $\overrightarrow{AB}$. 向量也常用一个字母表示,如 $\boldsymbol{a},\boldsymbol{b},\boldsymbol{i},\boldsymbol{j},\boldsymbol{k}$ 等.

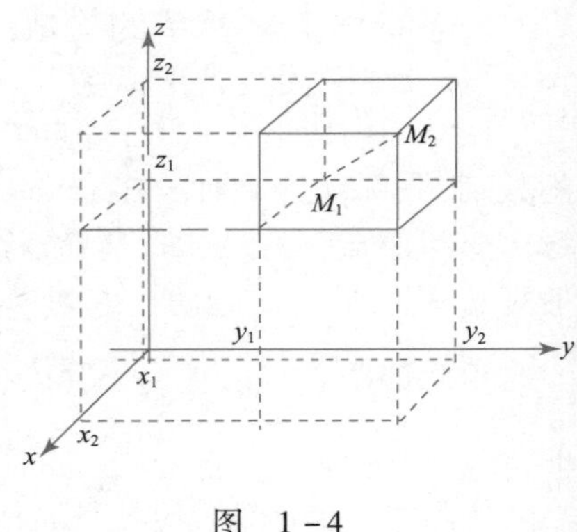

图 1-4

2. 向量的模

向量 $\boldsymbol{a}$ 的大小又称为向量的**模**,记作 $|\boldsymbol{a}|$. 模为 1 的向量称做**单位向量**;模为零的向量称做**零向量**.

3. 向量相等

若两个向量 $\boldsymbol{a}$ 与 $\boldsymbol{b}$ 的大小相等,方向相同,则称向量 $\boldsymbol{a}$ 与 $\boldsymbol{b}$ **相等**,记作 $\boldsymbol{a}=\boldsymbol{b}$.

4. 向量的夹角

将两个非零向量 $\boldsymbol{a}$ 与 $\boldsymbol{b}$ 平移到同一起点,则 $\boldsymbol{a}$ 与 $\boldsymbol{b}$ 的夹角 θ 称为向量 $\boldsymbol{a}$ 和 $\boldsymbol{b}$ 的**夹角**,记作 $(\widehat{\boldsymbol{a},\boldsymbol{b}})$. 并规定 $0\leqslant\theta\leqslant\pi$.

当 $(\widehat{\boldsymbol{a},\boldsymbol{b}})=\pi$(或0) 时,就称向量 $\boldsymbol{a}$ 与 $\boldsymbol{b}$ **平行**,记作 $\boldsymbol{a}/\!/\boldsymbol{b}$,如图 1-5 所示.

当 $(\widehat{\boldsymbol{a},\boldsymbol{b}})=\dfrac{\pi}{2}$ 时,就称 $\boldsymbol{a}$ 与 $\boldsymbol{b}$ **垂直**,记作 $\boldsymbol{a}\perp\boldsymbol{b}$,如图 1-6 所示.

规定零向量 0 与任意向量都平行或垂直.

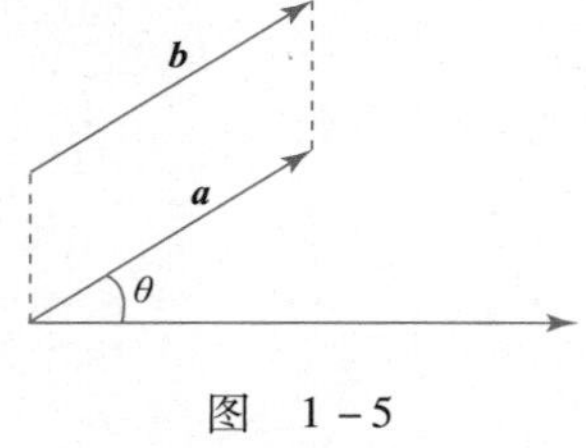

图 1-5

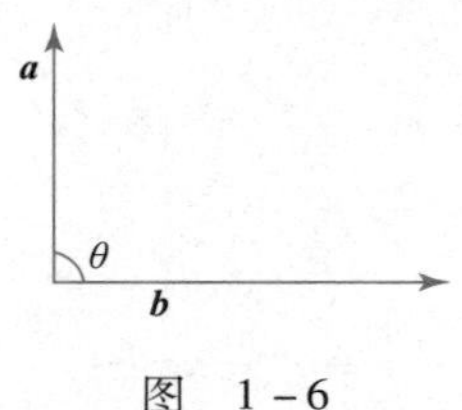

图 1-6

1.2.2 向量在轴上的投影

1. 向量在轴上的投影

设有向量 $\overrightarrow{AB}$ 及轴 u,则起点 A 与终点 B 在轴 u 上的投影 A', B' 所确定的有向线段 $A'B'$ 的值 $A'B'$ 如图1-7所示,并称为向量 $\overrightarrow{AB}$ 在轴 u 上的投影,记 $\text{Prj}_u\overrightarrow{AB}=\overrightarrow{A'B'}$.

注意: $A'B'$ 表示其绝对值为 $|A'B'|$, 符号:当 $A'B'$ 与 u 同向时为"+";当 $A'B'$ 与 u 反向时为"-".

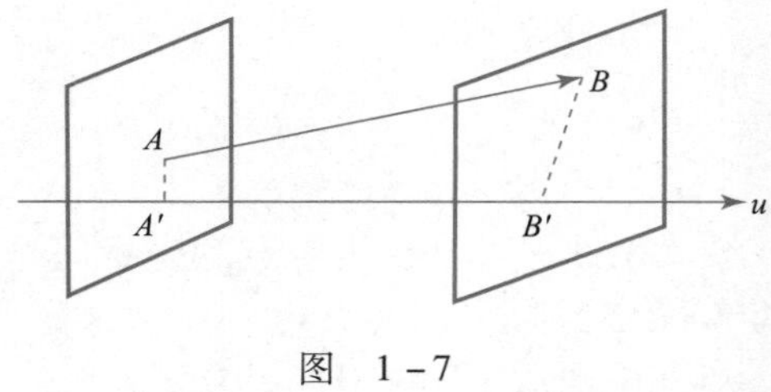

图 1-7

2. 投影定理

定理 1 $\text{Prj}_u\overrightarrow{AB}=|\overrightarrow{AB}|\cos\varphi$, φ 为向量 AB 与轴 u 的夹角. 显然有:若 $\overrightarrow{AB}=\overrightarrow{CD}$, 则 $\text{Prj}_u\overrightarrow{AB}=\text{Prj}_u\overrightarrow{CD}$.

定理 2 $\text{Prj}_u\boldsymbol{a}_1+\boldsymbol{a}_2+\cdots+\boldsymbol{a}_n=\text{Prj}_u\boldsymbol{a}_1+\text{Prj}_u\boldsymbol{a}_2+\cdots+\text{Prj}_u\boldsymbol{a}_n$.

定理 3 $\text{Prj}_u\lambda\boldsymbol{a}=\lambda\,\text{Prj}_u\boldsymbol{a}$.

案例 1.1

如图 1-8 所示,已知作用在 A 点的四个力, $F_1=0.5\text{kN}$, $F_2=1\text{kN}$, $F_3=0.4\text{kN}$, $F_4=0.3\text{kN}$, 求力系的合力 $\boldsymbol{F}$.

【案例分析】

力是有大小有方向的量,也就是数学中的向量,力系的合力就是数学中向量的加法,根据向量的四边形法则可作出合成向量,注意平面汇交力系平衡的充要条件是:"力系的合力为零".

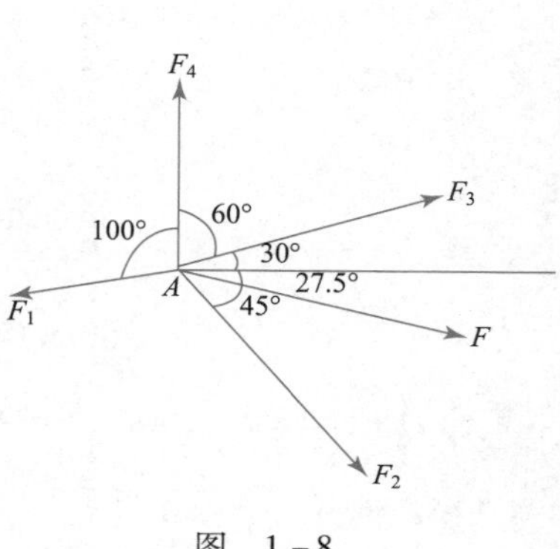

图　1-8

在力学中像这种力系问题可以采用两种解法.

(1)几何法. 选取适当的比例尺,作出向量的图,再利用平行四边形法则或三角形法则作出力系的合力.

(2)解析法. 将所给的力分别投影于 x 与 y 轴上,再由投影定理求出力系的合力.

【案例解答】

(1)几何法.

选取1cm代表0.25kN的比例尺按 F_1、F_2、F_3、F_4 的顺序首尾相连地依次画出各力,可得力的多边形,如图1-9所示,由力的多边形封闭边,量得合力 F 长为2.49cm,所以合力的大小为 $F=2.49\text{cm}\times 0.25\text{kN/cm}=0.6225\text{kN}$.

因为合力 F 的指向为下方,量得该合力与水平间的夹角为 $q=27.5°$, 且合力作用于各力的交汇点 A.

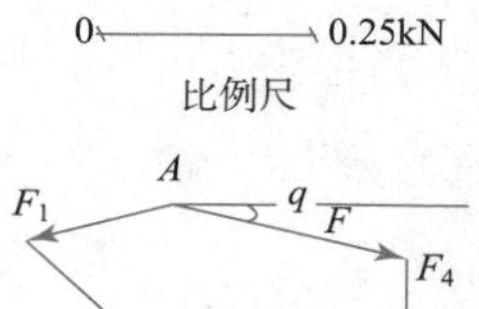

图　1-9

(2)解析法.

我们将 F_1、F_2、F_3、F_4 分别投影于 x 与 y 轴上,则

$F_{1x}=-0.5\times\cos 10°=-0.492\text{kN}$

$F_{2x}=1\times\cos 45°=0.707\text{kN}$

$F_{3x}=0.4\times\cos 30°=0.4\times 0.866=0.346\text{kN}$

$F_{4x}=0.3\times\cos 90°=0\text{kN}$

$F_{1y}=-0.5\times\sin 10°=-0.5\times 0.1726=-0.0868\text{kN}$

$F_{2y}=-1\times\sin 45°=-0.707\text{kN}$

$F_{3y}=0.4\times\sin 30°=0.4\times 0.5=0.2\text{kN}$

$F_{4y}=0.3\times\sin 90°=0.3\text{kN}$

由投影定理: $F_x=\sum_{i=1}^{4}F_{ix}=0.561\text{kN}$; $F_y=\sum_{i=1}^{4}F_{jy}=-0.294\text{kN}$.

合力 $\boldsymbol{F}=\sqrt{F_x{}^2+F_y{}^2}=0.633\text{kN}$, $\tan q=\left|\frac{F_y}{F_x}\right|=\frac{0.294}{0.561}=0.524$; $q=27.6°$.

由 $F_x>0$　$F_y<0$ 可见 F 通过原点汇交,方向指向下方.

案例 1.2

如图1-10所示,一个固定在墙壁上的圆环,受三条绳的拉力作用, F_1 沿水平方向, F_2 与水平方向成40°角, F_3 沿铅垂方向. 三个力的大小分别为 $F_1=200\text{kN}$, $F_2=250\text{kN}$, $F_3=150\text{kN}$. 求此三力的合力.

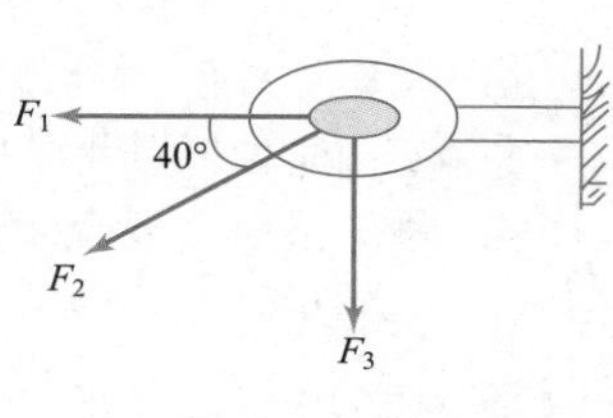

图　1-10

【案例解答】

(1)几何法.

选取1cm代表500kN的比例尺. 按 F_1、F_2、F_3 的顺序首尾相连地依次画出各力,可得力的多边形,如图1-11所示,由力的多封闭边,量得合力 F 长为0.9986cm,所以合力的大小为

$$0.9986\text{cm}\times 500\text{kN/cm}=499.3\text{kN}$$

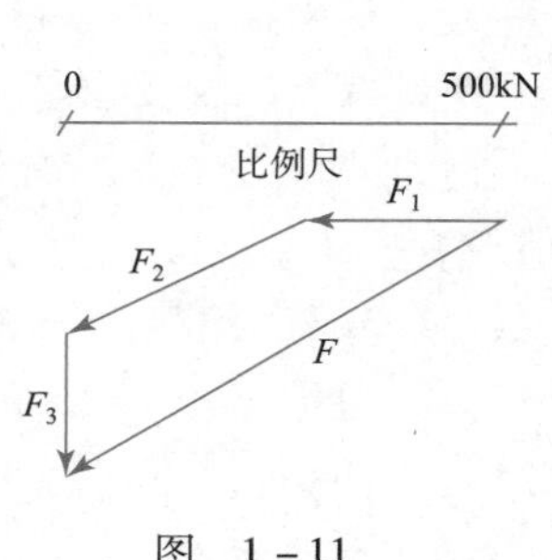

图　1-11

量得合力与水平方向成 $\alpha=38.5°$, 具体作用在力的交汇点上.

(2)解析法.

将 F_1、F_2、F_3 分别投影于 x 与 y 轴上.

由投影定理$F_x = \sum_{i=1}^{3} F_{ix} = F_1\cos 0° + F_2 \times \cos 40° + F_3 \times \cos 90°$

$= -200 - 250 \times 0.766 = -391.5\text{kN}$

$F_y = \sum_{j=1}^{3} F_{jy} = F_1\cos 90° + F_2 \times \cos 50° + F_3 \times \cos 0°$

$= -250 \times 0.642 - 150 \times 1 = -310.5\text{kN}$

合力 $F = \sqrt{F_x^{\ 2} + F_y^{\ 2}} = 499.7\text{kN}$；$\tan q = \left|\frac{F_y}{F_x}\right| = \frac{310.5}{391.5} = 0.793$；$q = 38.4°$.

由 $F_x < 0, F_y < 0$ 可见 F 通过原点汇交，方向指向下方.

1.2.3 向量的线性运算

向量的加法，数与向量的乘法，统称为向量的**线性运算**.

1. 向量的加、减法

向量 $\boldsymbol{a}$ 与 $\boldsymbol{b}$ 的和 $\boldsymbol{a}+\boldsymbol{b}$，按图 1－12 的方法确定（称为**平行四边形法则**），或按图 1－13 的方法确定（称为**三角形法则**）. 向量 $\boldsymbol{a}$ 与 $\boldsymbol{b}$ 的差，按图 1－14 的方法确定（三角形法则）.

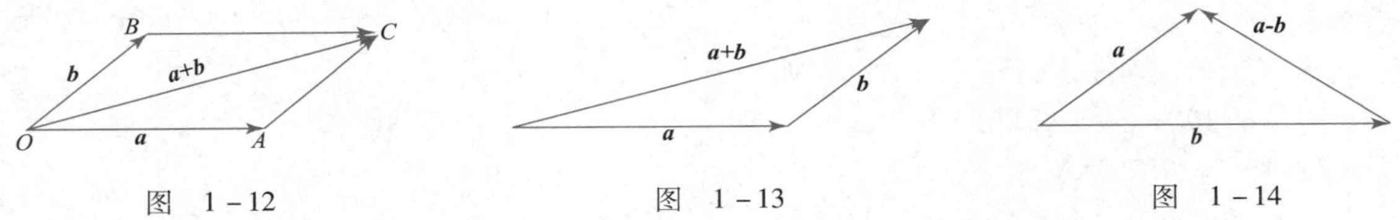

图 1－12　　图 1－13　　图 1－14

2. 数与向量的乘法

数 λ 与向量 $\boldsymbol{a}$ 的积 $\lambda\boldsymbol{a}$，规定 $\lambda\boldsymbol{a}$ 为与 $\boldsymbol{a}$ 平行的一个向量. 当 $\lambda > 0$ 时，它与 a 方向相同；当 $\lambda < 0$ 时，它与 a 方向相反；当 $\lambda = 0$ 时，它为零向量. 它的模为 $|\lambda a| = |\lambda||\boldsymbol{a}|$.

向量的线性运算满足：

（1）交换律：$\boldsymbol{a} + \boldsymbol{b} = \boldsymbol{b} + \boldsymbol{a}$.

（2）结合律：$\boldsymbol{a} + \boldsymbol{b} + \boldsymbol{c} = \boldsymbol{a} + (\boldsymbol{b} + \boldsymbol{c})$；$\lambda(\mu\boldsymbol{a}) = (\lambda\mu)\boldsymbol{a}$；$\lambda, \mu$ 是实数.

（3）分配律：$(\lambda + \mu)\boldsymbol{a} = \lambda\boldsymbol{a} + \mu\boldsymbol{a}$；$\lambda(\boldsymbol{a} + \boldsymbol{b}) = \lambda\boldsymbol{a} + \lambda\boldsymbol{b}$；$\lambda, \mu$ 是实数.

3. 向量平行的充分必要条件

定理　向量 $\boldsymbol{b}$ 与非零向量 $\boldsymbol{a}$ 平行的充分必要条件是：存在唯一的数 λ，使 $\boldsymbol{b} = \lambda\boldsymbol{a}$.

4. 与非零向量 $\boldsymbol{a}$ 同向的单位向量的计算公式

$$\boldsymbol{a}^0 = \frac{\boldsymbol{a}}{|\boldsymbol{a}|}$$

1.3 向量的坐标表示

1.3.1 向径的坐标表示

在空间直角坐标系中，记向量 $\boldsymbol{i}, \boldsymbol{j}, \boldsymbol{k}$ 分别为与 x, y, z 轴的正向相同的单位向量，它们称为直角坐标系 $Oxyz$ 的**基本单位向量**. 空间内任一向量都能用基本单位向量表示.

设点 $M(x,y,z)$ 是空间内一点，向量 OM 称为点 M 的**向径**. 过点 M 分别作与坐标轴垂直的平面，交 x,y,z 轴于 P,Q,R，如图 1－15 所示，根据向量做线性运算，容易证明：

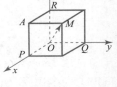

$$\overrightarrow{OM} = \overrightarrow{OP} + \overrightarrow{PA} + \overrightarrow{AM} = x\boldsymbol{i} + y\boldsymbol{j} + z\boldsymbol{k}$$

图 1－15

1.3.2 向量 $a = \overrightarrow{M_1M_2}$ 的坐标表示

设向量 $\boldsymbol{a} = \overrightarrow{M_1M_2}$ 的起点和终点的坐标分别为 $M_1(x_1, y_1, z_1)$ 和 $M_2(x_2, y_2, z_2)$，由图 1－16 可看出

$$\begin{aligned} a &= \overrightarrow{M_1M_2} = \overrightarrow{OM_2} - \overrightarrow{OM_1} \\ &= x_2\boldsymbol{i} + y_2\boldsymbol{j} + z_2\boldsymbol{k} - x_1\boldsymbol{i} - y_1\boldsymbol{j} - z_1\boldsymbol{k} \\ &= (x_2 - x_1)\boldsymbol{i} + (y_2 - y_1)\boldsymbol{j} + (z_2 - z_1)\boldsymbol{k} \end{aligned}$$

令　$a_x = x_2 - x_1, a_y = y_2 - y_1, a_z = z_2 - z_1$

则有 $\boldsymbol{a} = a_x\boldsymbol{i} + a_y\boldsymbol{j} + a_z\boldsymbol{k}$，简写成 $\boldsymbol{a} = (a_x, a_y, a_z)$.

上两式分别称为向量 a 的基本单位向量的分解表达式与坐标表示式．有序数组 a_x, a_y, a_z 称为向量 a 的**坐标**（又称 a 在三坐标轴上的投影）.

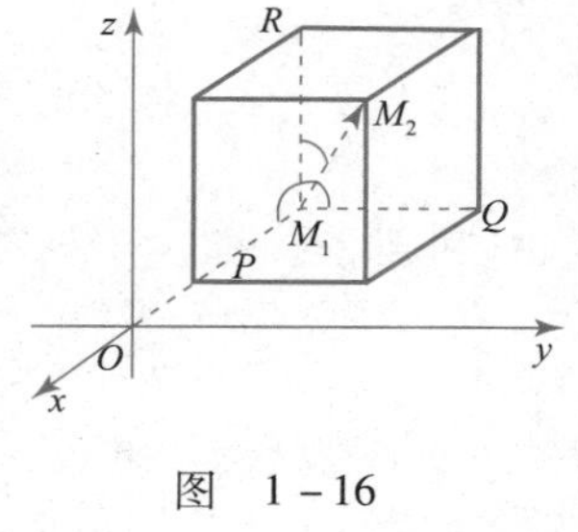

图　1-16

1.3.3　向量的线性运算

设向量 $\boldsymbol{a} = (a_x, a_y, a_z), \boldsymbol{b} = (b_x, b_y, b_z)$

1. $\boldsymbol{a} \pm \boldsymbol{b} = (a_x \pm b_x, a_y \pm b_y, a_z \pm b_z)$；

2. $\lambda\boldsymbol{a} = (\lambda a_x, \lambda a_y, \lambda a_z)$；

3. 向量平行的充要条件.

前面已提到向量 $\boldsymbol{a}$ 与 $\boldsymbol{b}$ 平行的充要条件为，存在唯一的数 λ 使 $\boldsymbol{b} = \lambda\boldsymbol{a}$. 引入向量坐标以后，此条件又能写成 $(b_x, b_y, b_z) = (\lambda a_x, \lambda a_y, \lambda a_z)$

即
$$b_x = \lambda a_x, b_y = \lambda a_y, b_z = \lambda a_z$$

即
$$\frac{b_x}{a_x} = \frac{b_y}{a_y} = \frac{b_z}{a_z} = \lambda.$$

1.3.4　向量的模、方向余弦

设向量 $\boldsymbol{a} = (a_x, a_y, a_z)$，由两点距离公式知，$\boldsymbol{a}$ 的模为

$$|\boldsymbol{a}| = \sqrt{(x_2 - x_1)^2 + (y_2 - y_1)^2 + (z_2 - z_1)^2} = \sqrt{a_x{}^2 + a_y{}^2 + a_z{}^2}$$

向量 $\boldsymbol{a}$ 与三条坐标轴 x, y, z 轴正向的夹角 α, β, γ 称为 $\boldsymbol{a}$ 的方向角，三个方向角的余弦 $\cos\alpha, \cos\beta, \cos\gamma$ 称为 $\boldsymbol{a}$ 的方向余弦．当 α 是锐角时，直角三角形 M_1M_2P 中，$|M_1P| = |x_2 - x_1| = a_x$，于是 $\cos\alpha = \frac{|M_1P|}{|M_1M_2|} = \frac{a_x}{|\boldsymbol{a}|} = \frac{a_x}{\sqrt{a_x^2 + a_y^2 + a_z^2}}$

同理　$\cos\beta = \frac{a_y}{|\boldsymbol{a}|} = \frac{a_y}{\sqrt{a_x^2 + a_y^2 + a_z^2}}$，　$\cos\gamma = \frac{a_z}{|\boldsymbol{a}|} = \frac{a_z}{\sqrt{a_x^2 + a_y^2 + a_z^2}}$

可以证明当 α 是钝角时，上式也成立.

方向余弦的特点　$\cos^2\alpha + \cos^2\beta + \cos^2\gamma = 1$

由方向余弦所构成的向量 $\boldsymbol{e} = (\cos\alpha, \cos\beta, \cos\gamma)$ 是一个与 $\boldsymbol{a}$ 方向相同的单位向量.

案例 1.3

已知两点 $M_1(2, 2, \sqrt{2})$ 和 $M_2(1, 3, 0)$，计算向量 $\overrightarrow{M_1M_2}$ 的模，方向余弦和方向角及与向量 $\overrightarrow{M_1M_2}$ 同方向的单位向量.

【案例解答】

解：因为　$\overrightarrow{M_1M_2} = (-1, 1, -\sqrt{2})$，所以向量 $\overrightarrow{M_1M_2}$ 的模、方向余弦、方向角为

$$|\overrightarrow{M_1M_2}| = \sqrt{(-1)^2 + 1^2 + (-\sqrt{2})^2} = 2;$$

$$\cos\alpha = -\frac{1}{2}, \cos\beta = \frac{1}{2}, \cos\gamma = -\frac{\sqrt{2}}{2}; \alpha = \frac{2\pi}{3}, \beta = \frac{\pi}{3}, \gamma = \frac{3\pi}{4}.$$

与向量 $\overrightarrow{M_1M_2}$ 同方向的单位向量为 $\left(-\frac{1}{2}, \frac{1}{2}, -\frac{\sqrt{2}}{2}\right)$.

1.4　向量的乘法运算

1.4.1　向量的数量积

1. 定义

设 $\boldsymbol{a}$ 与 $\boldsymbol{b}$ 是两个向量，它们的模及夹角余弦的乘积为向量 $\boldsymbol{a}$ 与 $\boldsymbol{b}$ 的**数量积**（又称**点积**或**内积**），记做 $\boldsymbol{a} \cdot \boldsymbol{b} = |\boldsymbol{a}||\boldsymbol{b}|\cos(\widehat{\boldsymbol{a}, \boldsymbol{b}})$.

由图 1－17 知，数 $|\boldsymbol{a}|\cos(\widehat{\boldsymbol{a},\boldsymbol{b}})$ 等于有向线段 OB 的值，它称为向量 $\boldsymbol{a}$ 在 $\boldsymbol{b}$ 上的**投影**，记做 $\mathrm{Prj}_{\boldsymbol{b}}\boldsymbol{a}$，即

$$\mathrm{Prj}_{\boldsymbol{b}}\boldsymbol{a} = |\boldsymbol{a}|\cos(\widehat{\boldsymbol{a},\boldsymbol{b}})$$

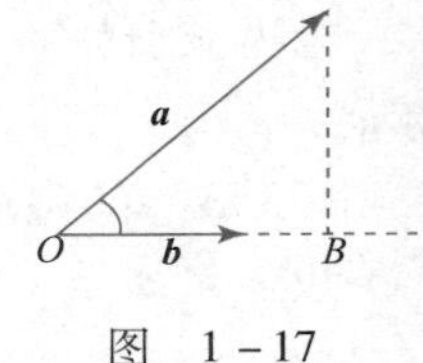

图 1－17

同理 $|\boldsymbol{b}|\cos(\boldsymbol{a},\boldsymbol{b})$ 为向量 $\boldsymbol{b}$ 在 $\boldsymbol{a}$ 上的投影

$$\mathrm{Prj}_{\boldsymbol{a}}\boldsymbol{b} = |\boldsymbol{b}|\cos(\widehat{\boldsymbol{a},\boldsymbol{b}}).$$

由此数量积又可表示成 $\boldsymbol{a}\cdot\boldsymbol{b} = \boldsymbol{a}\,\mathrm{Prj}_{\boldsymbol{a}}\boldsymbol{b} = \boldsymbol{b}\,\mathrm{Prj}_{\boldsymbol{b}}\boldsymbol{a}$.

注意：向量 a 与 b 的数量积是一个数量，而不是一个向量.

2. 数量积的性质

(1) $\boldsymbol{a}\cdot\boldsymbol{a} = |a|^2$； (2) $\boldsymbol{a}\cdot 0 = 0$； (3) $\boldsymbol{a}\cdot\boldsymbol{b} = \boldsymbol{b}\cdot\boldsymbol{a}$；

(4)结合律 $(\lambda\boldsymbol{a})\cdot\boldsymbol{b} = \lambda\boldsymbol{a}\cdot\boldsymbol{b}$，其中 λ 是实数；

(5)分配律 $(\boldsymbol{a}+\boldsymbol{b})\cdot\boldsymbol{c} = \boldsymbol{a}\cdot\boldsymbol{c}+\boldsymbol{b}\cdot\boldsymbol{c}$.

3. 数量积的坐标表示式

设 $\boldsymbol{a} = (a_x,a_y,a_z)$，$\boldsymbol{b} = (b_x,b_y,b_z)$，则 $\boldsymbol{a}\cdot\boldsymbol{b} = a_xb_x + a_yb_y + a_zb_z$

4. 向量间的夹角

由向量 a 与 b 的数量积定义及坐标表示可得：

$$\cos(\widehat{\boldsymbol{a},\boldsymbol{b}}) = \frac{\boldsymbol{a}\cdot\boldsymbol{b}}{|\boldsymbol{a}||\boldsymbol{b}|} = \frac{a_xb_x + a_yb_y + a_zb_z}{\sqrt{a_x^2+a_y^2+a_z^2}\sqrt{b_x^2+b_y^2+b_z^2}}.$$

5. 向量 a 与 b 垂直的充分必要条件

$$\boldsymbol{a}\cdot\boldsymbol{b} = 0.$$

案例 1.4

如图 1－18 所示，一物体在力 F 作用下，沿倾角为 30° 的斜面向上运动，在运动过程中受到的推力 $\boldsymbol{F}$ = 10kN，重力 $\boldsymbol{G}$ = 15kN；斜面对它的支撑力 F_N = 18.5kN 及摩擦力 F_1 = 1.5kN 的作用，求物体沿斜面向上运动 S = 2m 时，各力对物体所做的功.

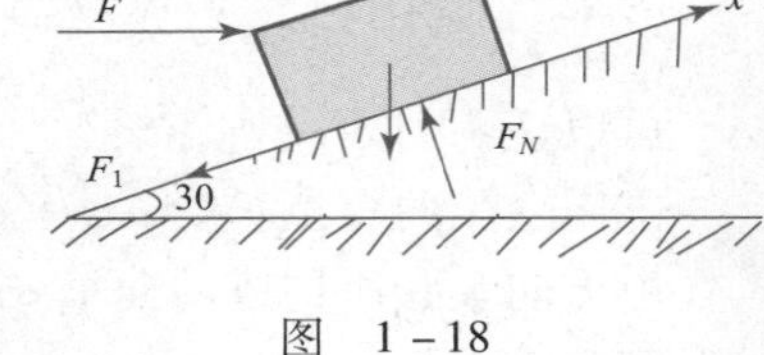

图 1－18

【案例解答】

解：选择物体前进的方向为 x 轴方向，则

(1)推力 F 所做的功为 $W_F = F_x\cdot S = \boldsymbol{F}\cdot S\cdot\cos 30° = 10\times 2\times\frac{\sqrt{3}}{2} =$ 17.32 (N·m).

(2)重力 G 所做的功为 $W_G = \boldsymbol{G}_x\cdot S = G\cdot S\cdot\cos 120° = -15$ (N·m).

(3)支撑力 F_N 所做的功为 $W_{FN} = F_N\cdot S = F_N\cdot S\cdot\cos 90° = 0$ (N·m).

(4)摩擦力 F_1 所做的功为 $w_{F1} = F_1\cdot S = F_1\cdot S\cdot\cos 180° = -3$ (N·m).

1.4.2 向量的向量积

1. 定义

两个向量 $\boldsymbol{a}$ 与 $\boldsymbol{b}$ 的**向量积**（又称**叉积或外积**）是一个向量，记作 $a\times b$，它按下列方式确定：

(1)模：$|\boldsymbol{a}\times\boldsymbol{b}| = |\boldsymbol{a}||\boldsymbol{b}|\sin(\widehat{\boldsymbol{a},\boldsymbol{b}})$；

(2)方向：$\boldsymbol{a}\times\boldsymbol{b}\perp\boldsymbol{a}$，$\boldsymbol{a}\times\boldsymbol{b}\perp\boldsymbol{b}$ 且 $\boldsymbol{a},\boldsymbol{b},\boldsymbol{a}\times\boldsymbol{b}$ 构成右手坐标系（见图 1－19）.

2. 向量积的几何意义

$\boldsymbol{a}$ 与 $\boldsymbol{b}$ 的向量积的模 $|\boldsymbol{a}\times\boldsymbol{b}|$ 等于以 $\boldsymbol{a}$ 与 $\boldsymbol{b}$ 为邻边的平行四边形的面积（见图 1－20）.

3. 向量积的性质

(1) $\boldsymbol{a}\times\boldsymbol{a} = \boldsymbol{0}$；(2) $\boldsymbol{a}\times\boldsymbol{0} = \boldsymbol{0}$；(3) $\boldsymbol{a}\times\boldsymbol{b} = -\boldsymbol{b}\times\boldsymbol{a}$；

(4)结合律 $(\lambda\boldsymbol{a})\times\boldsymbol{b} = \lambda\boldsymbol{a}\times\boldsymbol{b} = \boldsymbol{a}\times(\lambda\boldsymbol{b})$，其中 λ 是实数；

(5)分配律 $(\boldsymbol{a}+\boldsymbol{b})\times\boldsymbol{c} = \boldsymbol{a}\times\boldsymbol{c}+\boldsymbol{b}\times\boldsymbol{c}$.

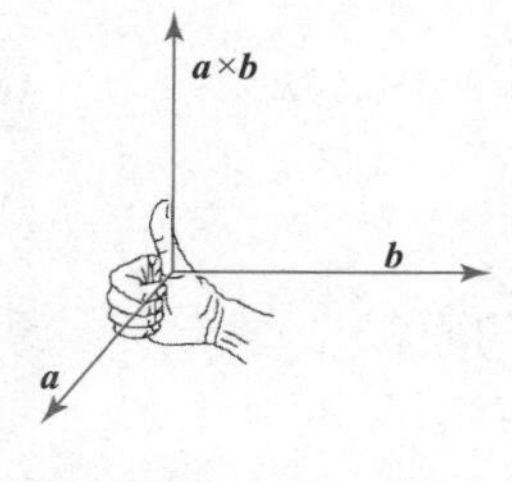

图　1－19

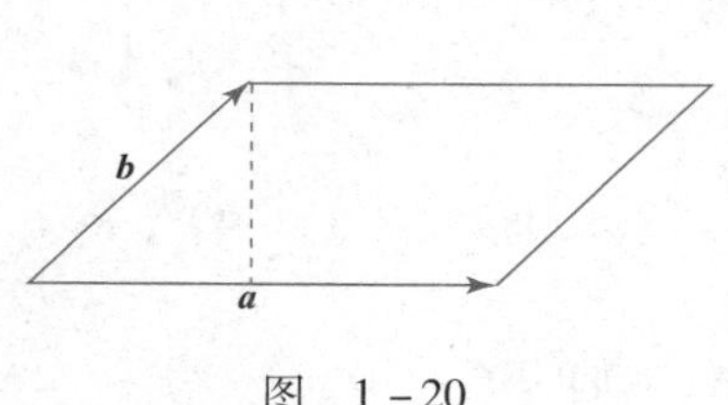

图　1－20

4. 向量积的坐标表示式

设 $\boldsymbol{a}=(a_x,a_y,a_z)$，$\boldsymbol{b}=(b_x,b_y,b_z)$，

则
$$\boldsymbol{a}\times\boldsymbol{b}=(a_yb_z-a_zb_y)\boldsymbol{i}+(a_zb_x-a_xb_z)\boldsymbol{j}+(a_xb_y-a_yb_x)\boldsymbol{k}$$

简写成三阶行列式的形式　$\boldsymbol{a}\times\boldsymbol{b}=\begin{vmatrix}\boldsymbol{i} & \boldsymbol{j} & \boldsymbol{k}\\ a_x & a_y & a_z\\ b_x & b_y & b_z\end{vmatrix}$（参考线性代数中行列式的展开）

即
$$\boldsymbol{a}\times\boldsymbol{b}=(a_yb_z-a_zb_y)\boldsymbol{i}+(a_zb_x-a_xb_z)\boldsymbol{j}+(a_xb_y-a_yb_x)\boldsymbol{k}=\begin{vmatrix}\boldsymbol{i} & \boldsymbol{j} & \boldsymbol{k}\\ a_x & a_y & a_z\\ b_x & b_y & b_z\end{vmatrix}.$$

上式称为向量积的**坐标表示式**.

5. 向量 $\boldsymbol{a}$ 与 $\boldsymbol{b}$ 平行的充分必要条件

$$\boldsymbol{a}\times\boldsymbol{b}=\boldsymbol{0}.$$

案例 1.5　求合力矩

如图 1－21 所示，力 F 作用在折杆的 C 点，若尺寸 a、b 及角 α 均已知，试分别计算力 F 对 B 点和对 A 点的矩.

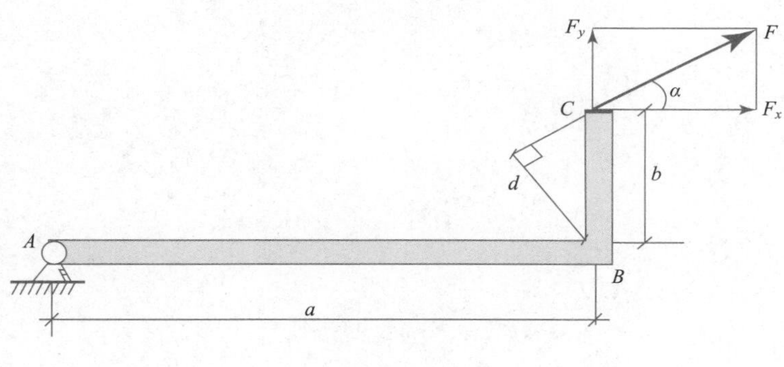

图　1－21

【案例解答】

解：(1)计算力 $\boldsymbol{F}$ 对 B 点之矩．$\boldsymbol{m}_B(\boldsymbol{F})=\boldsymbol{F}\times\boldsymbol{b}=\boldsymbol{Fb}\sin(90+\alpha)=-\boldsymbol{Fb}\cos\alpha$.

(2)计算力 $\boldsymbol{F}$ 对 A 点之矩．由于力臂忽略不计，所以可将力 $\boldsymbol{F}$ 分解为两个分力 F_x 和 F_y，其中 $F_x=\boldsymbol{F}\cos\alpha$，$F_y=\boldsymbol{F}\sin\alpha$，由合力矩定理

$$\boldsymbol{M}_A(\boldsymbol{F})=\boldsymbol{M}_A(F_x)+\boldsymbol{M}_B(F_y)=-F_xb+F_ya=-\boldsymbol{Fb}\cos\alpha+\boldsymbol{Fa}\sin\alpha.$$

案例 1.6　求力矩

已知力 $\boldsymbol{F}=\boldsymbol{i}-\boldsymbol{j}-2\boldsymbol{k}$ 作用在杆的点 $A(1,1,1)$ 处，求力 $\boldsymbol{F}$ 对杆上另一点 $B(-1,1,2)$ 的力矩.

【案例解答】

解：因为力 $\boldsymbol{F}$ 对 B 点的力矩 M 为力 $\boldsymbol{F}$ 与从支点 B 到作用点 A 的向量$\overrightarrow{BA}$的向量积．即 $\boldsymbol{M}=\overrightarrow{BA}\times\boldsymbol{F}$，因为 $\boldsymbol{F}=\boldsymbol{i}-\boldsymbol{j}-2\boldsymbol{k}$，$\overrightarrow{BA}=\{-2,0,1\}$

所以
$$\boldsymbol{M}=\overrightarrow{BA}\times\boldsymbol{F}=\begin{vmatrix}\boldsymbol{i} & \boldsymbol{j} & \boldsymbol{k}\\ -2 & 0 & 1\\ 1 & -1 & -2\end{vmatrix}=\boldsymbol{i}-3\boldsymbol{j}+2\boldsymbol{k}.$$

案例 1.7

已知点 $A(1,1,1)$,$B(1,0,2)$,$C(1,1,0)$,求 $\angle ABC$ 及 $\triangle ABC$ 的面积.

【案例解答】

因为 $\boldsymbol{BA}=(0,1,-1)$,$\boldsymbol{BC}=(0,1,-2)$

所以
$$BA\cdot BC=0\times1+1\times1+(-2)\times(-1)=3$$
$$BA\times BC=\begin{vmatrix}\boldsymbol{i} & \boldsymbol{j} & \boldsymbol{k}\\ 0 & 1 & -1\\ 0 & 1 & -2\end{vmatrix}=(-1,0,0)$$

则
$$\cos\angle ABC=\frac{BA\cdot BC}{|BA||BC|}=\frac{0\times1+1\times1+(-2)\times(-1)}{\sqrt{0^2+1^2+(-1)^2}\sqrt{0^2+1^2+(-2)^2}}=\frac{3}{\sqrt{10}}=\frac{3\sqrt{10}}{10}$$

故 $\angle ABC=\arccos\dfrac{3\sqrt{10}}{10}$.

$\triangle ABC$ 的面积
$$S_{\triangle ABC}=\frac{1}{2}|BA||BC|\sin\angle ABC=\frac{1}{2}|BA\times BC|=\frac{1}{2}\begin{vmatrix}\boldsymbol{i} & \boldsymbol{j} & \boldsymbol{k}\\ 0 & 1 & -1\\ 0 & 1 & -2\end{vmatrix}=\frac{1}{2}.$$

实 施 单

<table>
<tr><td>学习领域</td><td colspan="4">土木工程应用数学</td></tr>
<tr><td>学习情境</td><td colspan="2">工程力学中向量的计算</td><td>学时</td><td>8</td></tr>
<tr><td>实施方式</td><td colspan="4">由各小组完成计划,每人填写此单</td></tr>
<tr><td>序 号</td><td colspan="2">实 施 步 骤</td><td colspan="2">使用资源</td></tr>
<tr><td></td><td colspan="2"></td><td colspan="2"></td></tr>
<tr><td></td><td colspan="2"></td><td colspan="2"></td></tr>
<tr><td></td><td colspan="2"></td><td colspan="2"></td></tr>
<tr><td></td><td colspan="2"></td><td colspan="2"></td></tr>
<tr><td></td><td colspan="2"></td><td colspan="2"></td></tr>
<tr><td></td><td colspan="2"></td><td colspan="2"></td></tr>
<tr><td></td><td colspan="2"></td><td colspan="2"></td></tr>
<tr><td></td><td colspan="2"></td><td colspan="2"></td></tr>
<tr><td></td><td colspan="2"></td><td colspan="2"></td></tr>
<tr><td></td><td colspan="2"></td><td colspan="2"></td></tr>
<tr><td colspan="5">实施说明</td></tr>
<tr><td>班 级</td><td></td><td>第 组</td><td>组长签字</td><td></td></tr>
<tr><td>教师签字</td><td colspan="2"></td><td>日期</td><td></td></tr>
</table>

作 业 单

<table>
<tr><td>学习领域</td><td colspan="5">土木工程应用数学</td></tr>
<tr><td>学习情境</td><td colspan="3">工程力学中向量的计算</td><td>学时</td><td>8</td></tr>
<tr><td>作业方式</td><td colspan="5">每人完成</td></tr>
<tr><td>1</td><td colspan="5">写出点 $M(2,-3,1)$ 关于各个坐标轴、坐标面及原点对称的点的坐标.</td></tr>
<tr><td colspan="6">作业解答</td></tr>
<tr><td>2</td><td colspan="5">已知点 $M_1(2,0,1)$ 和 $M_2(1,-1,2)$，求向量 M_1M_2 的模、方向余弦及与 M_1M_2 同向的单位向量.</td></tr>
<tr><td colspan="6">作业解答</td></tr>
<tr><td rowspan="4">作业评价</td><td>班级</td><td></td><td>第　组</td><td>组长签名</td><td></td></tr>
<tr><td>学号</td><td></td><td>姓名</td><td colspan="2"></td></tr>
<tr><td>教师签字</td><td></td><td>教师评分</td><td></td><td>日期</td></tr>
<tr><td colspan="5">评语</td></tr>
</table>

<table>
<tr><td>学习领域</td><td colspan="5">土木工程应用数学</td></tr>
<tr><td>学习情境</td><td colspan="2">工程力学中向量的计算</td><td>学时</td><td colspan="2">8</td></tr>
<tr><td>作业方式</td><td colspan="5">每人完成</td></tr>
<tr><td>3</td><td colspan="5">求向量 $\boldsymbol{a}=(4,-3,1)$ 在向量 $\boldsymbol{b}=(2,1,2)$ 上的投影.</td></tr>
<tr><td colspan="6">作业解答</td></tr>
<tr><td>4</td><td colspan="5">已知向量 $\boldsymbol{a}=(2,3,1)$, $\boldsymbol{b}=(1,2,-1)$, 求 $\boldsymbol{a}\cdot\boldsymbol{b}$, $\boldsymbol{a}\times\boldsymbol{b}$ 及向量 $\boldsymbol{a}$ 与 $\boldsymbol{b}$ 的夹角 $(\widehat{\boldsymbol{a},\boldsymbol{b}})$.</td></tr>
<tr><td colspan="6">作业解答</td></tr>
<tr><td rowspan="4">作业评价</td><td>班级</td><td></td><td>第　组</td><td>组长签名</td><td></td></tr>
<tr><td>学号</td><td></td><td>姓名</td><td colspan="2"></td></tr>
<tr><td>教师签字</td><td></td><td>教师评分</td><td></td><td>日期</td></tr>
<tr><td colspan="5">评语</td></tr>
</table>

作 业 单

<table>
<tr><td>学习领域</td><td colspan="3">土木工程应用数学</td></tr>
<tr><td>学习情境</td><td>工程力学中向量的计算</td><td>学时</td><td>8</td></tr>
<tr><td>作业方式</td><td colspan="3">每人完成</td></tr>
<tr><td>5</td><td colspan="3">在一个立方体上作用有三个力 F_1、F_2、F_3，已知 $F_1 = 2\mathrm{kN}$，$F_2 = 1\mathrm{kN}$，$F_3 = 5\mathrm{kN}$，试分别计算这三个力在坐标轴上的投影．</td></tr>
<tr><td colspan="4">作业解答</td></tr>
</table>

<table>
<tr><td rowspan="4">作业评价</td><td>班级</td><td></td><td>第　组</td><td>组长签名</td><td colspan="2"></td></tr>
<tr><td>学号</td><td></td><td>姓名</td><td colspan="3"></td></tr>
<tr><td>教师签字</td><td></td><td>教师评分</td><td></td><td>日期</td><td></td></tr>
<tr><td colspan="6">评语</td></tr>
</table>

检　查　单

<table>
<tr><td>学习领域</td><td colspan="5">土木工程应用数学</td></tr>
<tr><td>学习情境</td><td colspan="3">工程力学中向量的计算</td><td>学时</td><td>8</td></tr>
<tr><td>序号</td><td>检查项目</td><td colspan="2">检查标准</td><td>学生自检</td><td>教师检查</td></tr>
<tr><td>1</td><td>空间直角坐标系</td><td colspan="2">概念理解正确，区域划分清晰</td><td></td><td></td></tr>
<tr><td>2</td><td>向量的概念</td><td colspan="2">概念理解正确，公式运用得当，计算准确无误，书写规范</td><td></td><td></td></tr>
<tr><td>3</td><td>向量的乘积</td><td colspan="2">概念理解正确，公式运用得当，计算准确无误，书写规范</td><td></td><td></td></tr>
<tr><td>4</td><td>向量知识的应用</td><td colspan="2">绘图标准，公式选择正确，计算准确无误，书写规范</td><td></td><td></td></tr>
<tr><td></td><td></td><td colspan="2"></td><td></td><td></td></tr>
<tr><td></td><td></td><td colspan="2"></td><td></td><td></td></tr>
<tr><td></td><td></td><td colspan="2"></td><td></td><td></td></tr>
<tr><td></td><td></td><td colspan="2"></td><td></td><td></td></tr>
<tr><td></td><td></td><td colspan="2"></td><td></td><td></td></tr>
<tr><td></td><td></td><td colspan="2"></td><td></td><td></td></tr>
<tr><td rowspan="3">检查评价</td><td>班级</td><td></td><td>第　组</td><td>组长签名</td><td></td></tr>
<tr><td>教师签字</td><td colspan="2"></td><td>日期</td><td></td></tr>
<tr><td colspan="5">评语</td></tr>
</table>

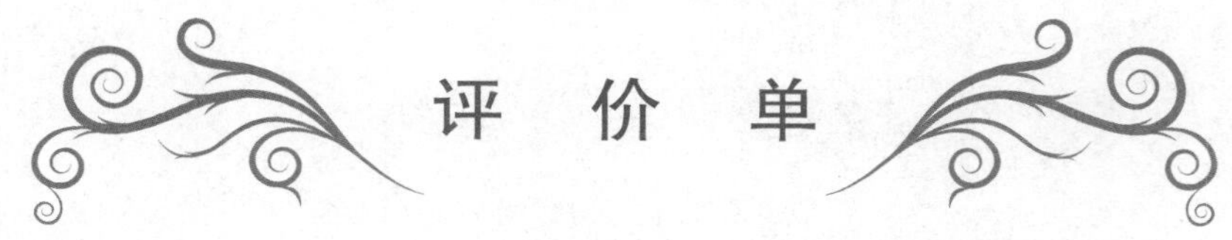

评 价 单

<table>
<tr><td>学习领域</td><td colspan="8">土木工程应用数学</td></tr>
<tr><td>学习情境</td><td colspan="4">工程力学中向量的计算</td><td colspan="2">学时</td><td colspan="2">8</td></tr>
<tr><td>评价类别</td><td>项目</td><td colspan="2">子项目</td><td>个人评价</td><td colspan="2">组内评价</td><td colspan="2">教师评价</td></tr>
<tr><td rowspan="10">专业能力
60%</td><td rowspan="3">资讯 18%</td><td colspan="2">搜集资讯 4%</td><td></td><td colspan="2"></td><td colspan="2"></td></tr>
<tr><td colspan="2">信息学习 10%</td><td></td><td colspan="2"></td><td colspan="2"></td></tr>
<tr><td colspan="2">引导问题回答 4%</td><td></td><td colspan="2"></td><td colspan="2"></td></tr>
<tr><td>实施 11%</td><td colspan="2">学习步骤执行 11%</td><td></td><td colspan="2"></td><td colspan="2"></td></tr>
<tr><td rowspan="2">检查 9%</td><td colspan="2">绘制图形 4%</td><td></td><td colspan="2"></td><td colspan="2"></td></tr>
<tr><td colspan="2">计算准确 5%</td><td></td><td colspan="2"></td><td colspan="2"></td></tr>
<tr><td rowspan="2">过程 10%</td><td colspan="2">公式使用准确 5%</td><td></td><td colspan="2"></td><td colspan="2"></td></tr>
<tr><td colspan="2">书写规范 5%</td><td></td><td colspan="2"></td><td colspan="2"></td></tr>
<tr><td>结果 5%</td><td colspan="2">结果正确 5%</td><td></td><td colspan="2"></td><td colspan="2"></td></tr>
<tr><td>作业 7%</td><td colspan="2">完成质量 7%</td><td></td><td colspan="2"></td><td colspan="2"></td></tr>
<tr><td rowspan="2">社会能力
20%</td><td>团结协作 10%</td><td colspan="2">小组配合 10%</td><td></td><td colspan="2"></td><td colspan="2"></td></tr>
<tr><td>敬业精神 10%</td><td colspan="2">学习纪律性 10%</td><td></td><td colspan="2"></td><td colspan="2"></td></tr>
<tr><td rowspan="2">方法能力
20%</td><td>计划能力 10%</td><td colspan="2"></td><td></td><td colspan="2"></td><td colspan="2"></td></tr>
<tr><td>决策能力 10%</td><td colspan="2"></td><td></td><td colspan="2"></td><td colspan="2"></td></tr>
<tr><td rowspan="3">评价评语</td><td>班级</td><td></td><td>姓名</td><td></td><td>学号</td><td></td><td>总评</td><td></td></tr>
<tr><td>教师签字</td><td colspan="2"></td><td>第　组</td><td>组长
签字</td><td></td><td>日期</td><td></td></tr>
<tr><td colspan="8">评语</td></tr>
</table>

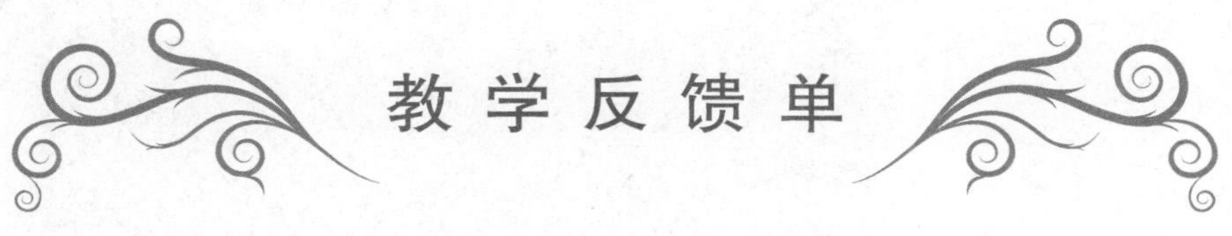

教学反馈单

<table>
<tr><td>学习领域</td><td colspan="4">土木工程应用数学</td></tr>
<tr><td>学习情境</td><td>工程力学中向量的计算</td><td>学时</td><td colspan="2">8</td></tr>
<tr><td>序号</td><td>调 查 内 容</td><td>是</td><td>否</td><td>理由陈述</td></tr>
<tr><td>1</td><td>是否了解空间直角坐标系的构成？</td><td></td><td></td><td></td></tr>
<tr><td>2</td><td>是否会求向量的模、方向余弦？</td><td></td><td></td><td></td></tr>
<tr><td>3</td><td>是否掌握向量的线性运算？</td><td></td><td></td><td></td></tr>
<tr><td>4</td><td>是否掌握向量的乘法运算？</td><td></td><td></td><td></td></tr>
<tr><td>5</td><td>能否运用向量的概念解决工程力学中出现的简单问题？</td><td></td><td></td><td></td></tr>
<tr><td>6</td><td>你对学习情境1的教学方式满意吗？</td><td></td><td></td><td></td></tr>
<tr><td>7</td><td>你对本学习小组内的同学间相互配合满意吗？</td><td></td><td></td><td></td></tr>
<tr><td colspan="5">你对当前采用的教学方式方法还有什么意见与建议，欢迎提出来，我们将非常感谢.</td></tr>
<tr><td>调查信息</td><td>被调查人签名</td><td></td><td>调查时间</td><td></td></tr>
</table>

学习情境 2

工程技术中的最值、曲率、误差估计问题

<table>
<tr><td>学习领域</td><td colspan="4">土木工程应用数学</td></tr>
<tr><td>学习情境</td><td colspan="2">工程技术中的最值、曲率、误差估计问题</td><td>学时</td><td>26</td></tr>
<tr><td colspan="5">布 置 任 务</td></tr>
<tr><td>学习目标</td><td colspan="4">1. 掌握导数与微分的概念，导数的基本公式及曲率的计算公式.
2. 利用基本公式及基本的求导方法解决函数的求导问题.
3. 会求函数的微分，并利用微分的知识进行近似计算.
4. 能运用导数的知识判断函数的单调性.
5. 能运用导数的知识解决工程技术中的近似计算、最值、曲率问题.</td></tr>
<tr><td>任务阐述</td><td colspan="4">1. 利用导数的基本概念、公式及方法解决导数的计算.
2. 通过微分的近似计算，解决工程技术问题中的近似计算与误差估计问题.
3. 通过实例学会利用导数进行解决工程技术问题中的最大值与最小值的计算，以及曲率的计算.</td></tr>
<tr><td rowspan="2">学习安排</td><td>资讯</td><td>实施</td><td>检查</td><td>评价</td></tr>
<tr><td>10 学时</td><td>14 学时</td><td>1 学时</td><td>1 学时</td></tr>
<tr><td>学习参考资料</td><td colspan="4">1. 梁弘主编《高等数学基础》.
2. 侯兰茹主编《高等数学》.
3. 同济大学主编《高等数学》.
4. 侯风波主编《应用数学》.</td></tr>
<tr><td>对学生的要求</td><td colspan="4">1. 学习态度端正，积极参与小组学习.
2. 能够清楚基本概念，运用性质、公式进行基本数学运算.
3. 认真查找相关资料，团队合作解决学习中出现的问题，可以以小组的形式完成任务.
4. 认真完成作业，并将作业成绩列入考核成绩中.</td></tr>
</table>

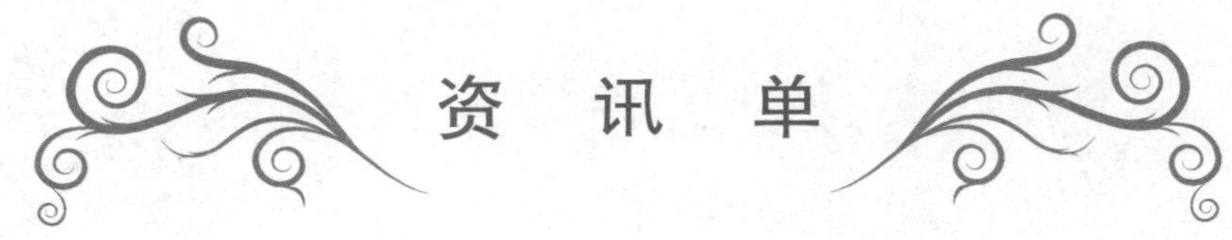

资 讯 单

<table>
<tr><td>学习领域</td><td colspan="3">土木工程应用数学</td></tr>
<tr><td>学习情境</td><td>工程技术中的最值、曲率、误差估计问题</td><td>学时</td><td>26</td></tr>
<tr><td>资讯方式</td><td colspan="3">学生根据教师给出的资讯引导及讲解进行解答</td></tr>
<tr><td rowspan="14">资讯问题</td><td colspan="3">导数的概念是什么？有哪些基本公式？</td></tr>
<tr><td colspan="3">如何求曲线在任意点的切线及法线？</td></tr>
<tr><td colspan="3">求导的基本法则及方法有哪些？</td></tr>
<tr><td colspan="3">微分的基本概念有哪些？</td></tr>
<tr><td colspan="3">如何利用微分进行近似计算？</td></tr>
<tr><td colspan="3">如何利用导数判断函数的单调性、凹凸性、极值、拐点？</td></tr>
<tr><td colspan="3">如何利用导数解决实际问题的最大值与最小值？</td></tr>
<tr><td colspan="3">曲率的公式是什么？如何求实际问题中的曲线弯曲程度？</td></tr>
<tr><td colspan="3"></td></tr>
<tr><td colspan="3"></td></tr>
<tr><td colspan="3"></td></tr>
<tr><td colspan="3"></td></tr>
<tr><td colspan="3"></td></tr>
<tr><td colspan="3"></td></tr>
<tr><td>资讯引导</td><td colspan="3">1. 侯兰茹主编《高等数学》.
2. 侯风波主编《应用数学》.
3. 同济大学主编《高等数学》.
4. 梁弘主编《高等数学基础》.</td></tr>
</table>

2.0 预备知识

2.0.1 函数

1. 函数定义

设 x 和 y 是两个变量，D 是一个非空实数集，如果对于每个数 $x\in D$，变量 y 按照一定的对应法则 f 都有确定的实数 y 与之对应，则称 y 是定义在数集 D 上 x 的**函数**，记作 $y=f(x)(x\in D)$.

其中数集 D 为 $f(x)$ 的定义域，简记为 D_f，习惯上，x 称为**自变量**，y 称为**因变量**.

如果对于确定的 $x_0\in D$，函数 $y=f(x)$ 有唯一确定的 y_0 值相对应，则称 y_0 为函数 y_0 在 x_0 处的函数值，记作 $y_0=y|_{x=x_0}=f(x_0)$.

函数值的全体组成的数集称函数 $f(x)$ 的值域，记作 R_f.

2. 函数的表示法

解析法、表格法、图像法.

3. 函数的性质

有界性：设函数 $y=f(x)$ 在区间 I 上有定义，如果存在一个正数 M，对于任意的 $x\in I$，恒有 $|f(x)|\leqslant M$ 成立，则称函数在区间上有界. 如果这样的 M 不存在，则称 $f(x)$ 在区间 I 上**无界**.

单调性：设函数 $y=f(x)$ 在区间 $I\subset D_f$ 上有定义，如果对任意两点 $x_1,x_2\in I$，当 $x_1<x_2$ 时，有 $f(x_1)<f(x_2)$（或 $f(x_1)>f(x_2)$）则称 $f(x)$ 在区间 $I\subset D_f$ 上是**单调增加（减少）**，区间 I 称为单调增区间（或单调减区间）.

单调增函数与单调减函数统称为单调函数，单调增区间与单调减区间统称为单调区间.

奇偶性：设函数 $y=f(x)$ 的定义域 D_f 关于坐标原点对称，若对于任意的 $x\in D_f$，有 $f(-x)=f(x)$，则称 $f(x)$ 为**偶函数**；而若对于任意的 $x\in D_f$ 都有 $f(-x)=-f(x)$，则称 $y=f(x)$ 为**奇函数**.

显然偶函数的图形关于 y 轴对称；奇函数的图形关于坐标原点对称.

周期性：设函数 $y=f(x)$ 的定义域为 D_f，如果存在不为零的实数 T，使得对于任意 $x\in D_f$，有 $x\pm T\in D_f$，且 $f(x+T)=f(x)$，则称 $f(x)$ 是**周期函数**，T 称为 $f(x)$ 的**周期**，函数的周期通常是指最小正周期.

凹凸性：设 $y=f(x)$ 在区间 $I\in D_f$ 内，对任意两点，$x_1,x_2\in I$，当 $x_1<x_2$ 时有 $f\left(\frac{x_1+x_2}{2}\right)\leqslant\frac{1}{2}[f(x_1)+f(x_2)]$（或 $f\left(\frac{x_1+x_2}{2}\right)\geqslant\frac{1}{2}[f(x_1)+f(x_2)]$）则称曲线 $y=f(x)$ 在区间 I 上是凹（凸）曲线. 此时曲线弧位于该弧上任意一点处切线的上（下）方.

4. 基本初等函数

幂函数：$y=x^{\mu}$（μ 是常数）.

例如当 $\mu=1,2,3,(-1),\frac{1}{2},\left(-\frac{2}{3}\right)$ 时，幂函数的图像，如图 2－1 所示.

指数函数：$y=a^x$（a 是常数且 $a>0,a\neq1$）.

定义域 $x\in(-\infty,+\infty)$，值域 $y\in(0,+\infty)$；

若 $a>1$，$y=a^x$ 单调增加. 若 $0<a<1$，$y=a^x$ 单调减少，如图 2－2所示.

对数函数：$y=\log_a x$（a 是常数且 $a>0,a\neq1$）.

定义域 $(0,+\infty)$，值域 $y\in(-\infty,+\infty)$；

若 $a>1$，$y=\log_a x$ 单调增加，在开区间 $(0,1)$ 内函数值为负，而在区间 $(1,+\infty)$ 内函数值为正.

若 $0<a<1$，$y=\log_a x$ 单调减少，在开区间 $(0,1)$ 内函数值为正，而在区间 $(1,+\infty)$ 内函数值为负，如图 2－3所示.

三角函数，如图 2－4 所示：正弦函数 $y=\sin x$ 定义域 $x\in(-\infty,+\infty)$，值域 $y\in[-1,1]$；

奇函数，有界 $|\sin x|\leqslant1$，周期 $T=2\pi$.

余弦函数　$y=\cos x$　定义域 $x\in(-\infty,+\infty)$，值域 $y\in[-1,1]$；

偶函数，有界 $|\cos x|\leqslant1$，周期 $T=2\pi$.

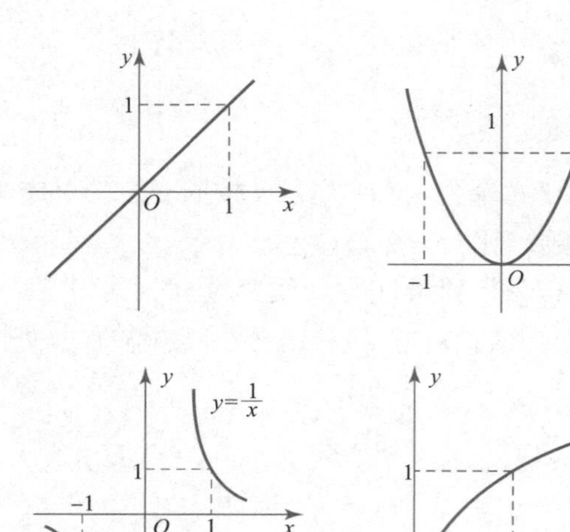

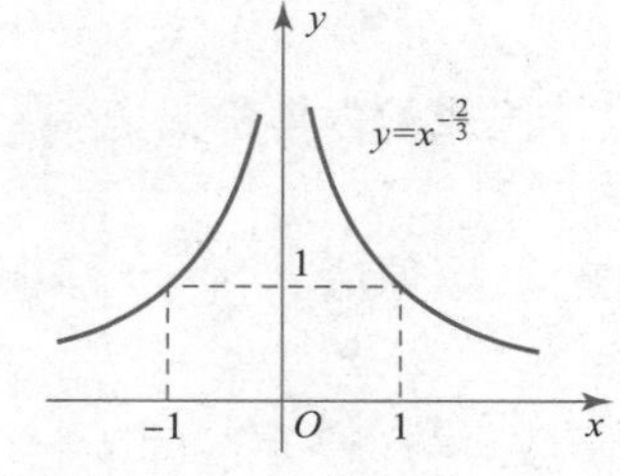

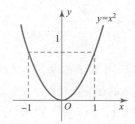

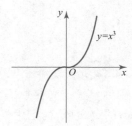

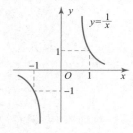

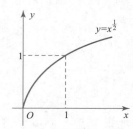

图　2-1　幂函数的图像

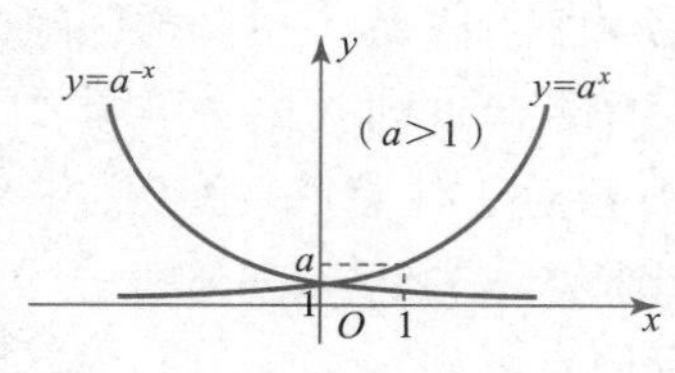

图　2-2　指数函数的图像

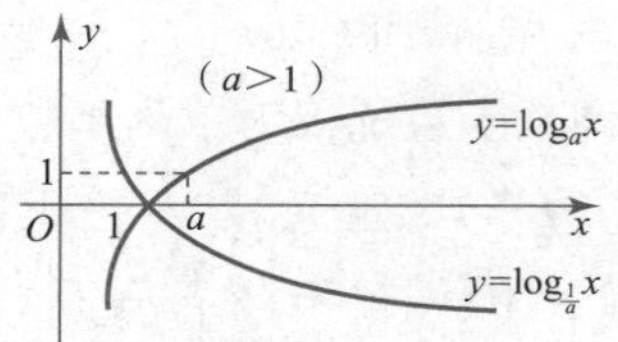

图　2-3　对数函数的图像

正切函数　$y=\tan x$，定义域 $x\neq k\pi+\dfrac{\pi}{2}(k=1,2,3\cdots)$，值域 $y\in(-\infty,+\infty)$；奇函数，无界，周期 $T=\pi$.

余切函数　$y=\cot x$，定义域 $x\neq k\pi(k=1,2,3\cdots)$，值域 $y\in(-\infty,+\infty)$. 奇函数，无界，周期 $T=\pi$.

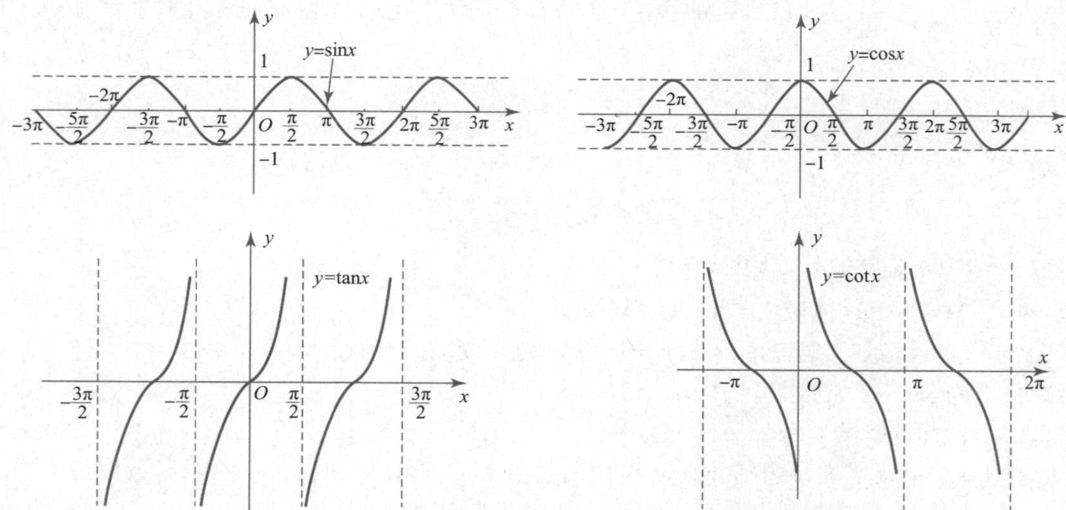

图　2-4　三角函数的图像

反三角函数，如图 2-5 所示：

反正弦函数　$y=\arcsin x$　定义域 $x\in[-1,1]$，值域 $y\in\left[-\dfrac{\pi}{2},\dfrac{\pi}{2}\right]$；

反余弦函数 $y=\arccos x$ 定义域 $x\in[-1,1]$，值域 $y\in[0,\pi]$；

反正切函数 $y=\arctan x$ 定义域 $x\in(-\infty,+\infty)$，值域 $y\in\left(-\frac{\pi}{2},\frac{\pi}{2}\right)$；

反余切函数 $y=\operatorname{arccot}x$ 定义域 $x\in(-\infty,+\infty)$，值域 $y\in(0,\pi)$.

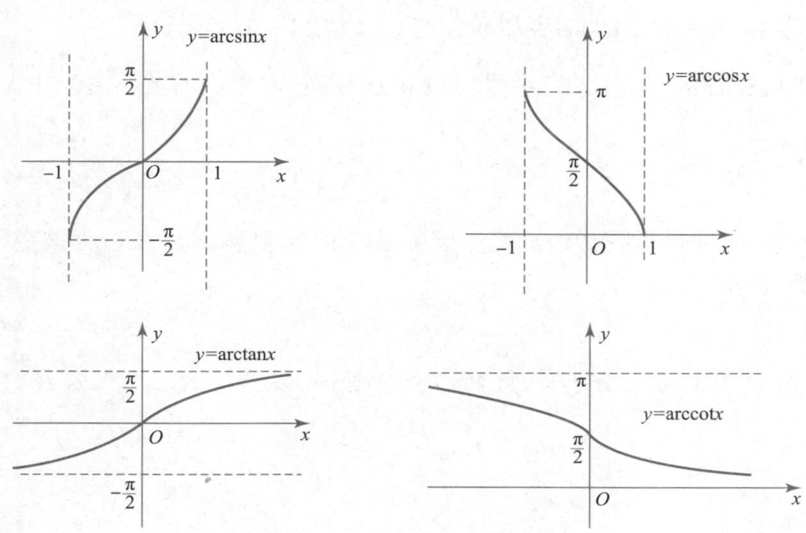

图 2-5 反三角函数的图像

5. 复合函数

设 $y=f(u)$ 的定义域为 D_f，$u=g(x)$ 的定义域为 D_g，值域为 R_g，当 $R_g\subseteq D_f$，则以 x 为自变量，y 为因变量的函数 $y=f(g(x))$，称其为 $y=f(u)$ 与 $u=g(x)$ 的复合函数，其中 u 为中间变量.

6. 初等函数

由基本初等函数及常数经过有限次的四则运算与有限次的复合所构成的，并用一个解析式所表示的函数称为**初等函数**.

2.0.2 极限的概念

1. 当 $x\to\infty$ 时，函数 $f(x)$ 的极限

若当 $|x|$ 无限增大($x\to\infty$)时，函数 $f(x)$ 的值无限接近于确定的常数 A，则称常数 A 为函数 $f(x)$ 当 $x\to\infty$ 时的**极限**. 记作 $\lim\limits_{x\to\infty}f(x)=A$ 或 $f(x)\to A(x\to\infty)$.

2. 当 $x\to x_0$ 时，函数 $f(x)$ 的极限

设 $f(x)$ 在 x_0 的去心邻域 $U(x_0,\delta)$ 内有定义，若当 $x\to x_0$ 时，函数 $f(x)$ 的值无限接近于常数 A，则称常数 A 是函数 $f(x)$ 当 $x\to x_0$ 时的极限. 记作

$$\lim_{x\to x_0}f(x)=A \text{ 或 } f(x)\to A(x\to x_0)$$

2.0.3 无穷大量与无穷小量

1. 无穷小量

定义：当 $x\to x_0$(或 $x\to\infty$)时，函数 $f(x)$ 以零为极限，即 $\lim\limits_{x\to x_0}f(x)=0$(或 $\lim\limits_{x\to\infty}f(x)=0$)则称函数 $f(x)$ 为该变化过程中的无穷小量(简称为无穷小). 通常用 $\alpha(x)$，$\beta(x)$，$\gamma(x)$ 等表示.

2. 无穷小的性质

性质1 有限个无穷小之和为无穷小；有限个无穷小之积仍为无穷小.

性质2 有界变量与无穷小之积仍为无穷小.

3. 无穷小的比较

设 α,β 都是 $x\to x_0$ 时的无穷小量(或 $x\to\infty$)，若

(1) $\lim\limits_{x \to x_0} \dfrac{\alpha}{\beta} = 0$，则称当 $x \to x_0$ 时，α 是比 β 高阶的无穷小，记为 $\alpha = o(\beta)(x \to x_0)$；

(2) $\lim\limits_{x \to x_0} \dfrac{\alpha}{\beta} = C(C \neq 0, C \neq 1)$，则称当 $x \to x_0$ 时，α 与 β 是同阶无穷小；

(3) $\lim\limits_{x \to x_0} \dfrac{\alpha}{\beta} = 1$，则称当 $x \to x_0$ 时，α 与 β 是等价无穷小，记为 $\alpha \sim \beta(x \to x_0)$.

注意：在同一个变化过程中，等价无穷小量可以相互替换，常用的有当 $x \to 0$ 时，$x \sim \sin x$；$x \sim \tan x$；$x \sim \ln(1+x)$；$x \sim e^x - 1$；$1 - \cos x \sim \dfrac{1}{2}x^2$.

4. 无穷大量

定义：当 $x \to x_0$（或 $x \to \infty$）时，函数 $f(x)$ 的绝对值无限增大，即则称函数 $f(x)$ 为该变化过程中的无穷大量（简称为无穷大），记为 $\lim f(x) = \infty$.

5. 无穷大与无穷小的关系

在某一个变化过程，若 $f(x)$ 是无穷小量，且 $f(x) \neq 0$，则 $\dfrac{1}{f(x)}$ 为无穷大，反之，若 $f(x)$ 是无穷大量，则 $\dfrac{1}{f(x)}$ 为无穷小量.

2.0.4 极限的运算

1. 极限的四则运算法则

定理 1 设在 x 的同一个变化过程中，$\lim f(x) = A$，$\lim g(x) = B$. 则

$$\lim[f(x) \pm g(x)] = A \pm B = \lim f(x) \pm \lim g(x);$$
$$\lim[f(x) \cdot g(x)] = A \cdot B = \lim f(x) \cdot \lim g(x);$$

当 $B \neq 0$ 时，$\lim \dfrac{f(x)}{g(x)} = \dfrac{A}{B} = \dfrac{\lim f(x)}{\lim g(x)}$.

推论 1 $\lim[Cf(x)] = C\lim f(x)$.（C 为常数）；

推论 2 $\lim[f(x)]^k = [\lim f(x)]^k = A^k$ （k 为正整数）.

2. 重要极限

$$\lim_{x \to 0} \frac{\sin x}{x} = 1 \qquad \lim_{x \to \infty}\left(1 + \frac{1}{x}\right)^x = e \text{ 或} \lim_{x \to 0}(1+x)^{\frac{1}{x}} = e.$$

2.0.5 函数的连续

1. 连续函数的定义

定义 1 设函数 $y = f(x)$ 在 x_0 的邻域 $U(x_0, \delta)$ 内有定义，如果当自变量的增量 $\Delta x = x - x_0$ 趋于零时，对应的函数增量 $\Delta y = f(x_0 + \Delta x) - f(x_0)$ 也趋于零，即 $\lim\limits_{\Delta x \to 0} \Delta y = 0$，则称函数 $y = f(x)$ 在点 x_0 **连续**，且称点 x_0 为函数 $y = f(x)$ 的连续点.

定义 2 设函数 $y = f(x)$ 在 x_0 的邻域 $U(x_0, \delta)$ 内有定义，若当 $x \to x_0$ 时 $f(x)$ 的极限存在，且等于它在 x_0 处的函数值 $f(x_0)$，即 $\lim\limits_{x \to x_0} f(x) = f(x_0)$，则称函数 $y = f(x)$ 在点 x_0 连续.

2. 区间上的连续函数

若函数 $y = f(x)$ 在开区间 (a, b) 内每一点都连续，则称该函数在开区间 (a, b) 内连续.

如果函数在开区间 (a, b) 内连续，且在左端点 a 右连续，在右端点 b 左连续，那么称函数在闭区间 $[a, b]$ 上连续.

3. 初等函数的连续性

定理 2 若函数 $f(x)$ 和 $g(x)$ 在点 x_0 处连续，则它们的和 $f(x) + g(x)$、差 $f(x) - g(x)$、积 $f(x)g(x)$ 以及商 $\dfrac{f(x)}{g(x)}$（当 $g(x_0) \neq 0$ 时）在 x_0 点处都连续.

定理 3 设函数 $u = \varphi(x)$ 在点 x_0 处连续，且 $u_0 = \varphi(x_0)$，而函数 $y = f(u)$ 在点 u_0 处连续，如果在点 x_0 的某

个邻域内复合函数 $y=f[\varphi(x)]$ 有定义，则复合函数 $y=f[\varphi(x)]$ 在点 x_0 处连续．

定理 4　初等函数在其定义区间内是连续的．

4. 闭区间上连续函数的性质

定理 5（最大值和最小值定理）如果函数 $f(x)$ 在闭区间 $[a,b]$ 上连续，则 $f(x)$ 在 $[a,b]$ 上必存在最大值和最小值．

推论 3（有界性定理）如果函数 $f(x)$ 在闭区间 $[a,b]$ 上连续，则 $f(x)$ 在 $[a,b]$ 上有界．

定理 6（介值定理）如果函数 $f(x)$ 在闭区间 $[a,b]$ 上连续，M 和 m 分别为 $f(x)$ 在区间 $[a,b]$ 上的最大值和最小值，则对于 M 和 m 之间的任一个实数 C，至少存在一点 ξ，使得 $f(\xi)=C(a<\xi<b)$．

定理 7（零点定理）如果函数 $f(x)$ 在闭区间 $[a,b]$ 上连续，且 $f(a)\cdot f(b)<0$，则在开区间 (a,b) 内至少存在一点 ξ，使得 $f(\xi)=0(a<\xi<b)$．

2.1　导数

2.1.1　导数的概念

1. 导数的定义

设函数 $y=f(x)$ 在点 x_0 的某个邻域内有定义，当自变量 x 在 x_o 处取得增量 Δx（点 $x_0+\Delta x$ 仍在该领域内）时，相应的函数 y 取得增量 $\Delta y=f(x_0+\Delta x)-f(x_0)$，如果 Δx 与 Δy 之比 $\dfrac{\Delta y}{\Delta x}$ 当 $\Delta x\to 0$ 时的极限

$$\lim_{\Delta x\to 0}\frac{\Delta y}{\Delta x}=\lim_{\Delta x\to 0}\frac{f(x_0+\Delta x)-f(x_0)}{\Delta x}$$

存在，则称函数 $y=f(x)$ 在点 x_0 处**可导**，并称此极限值为函数 $y=f(x)$ 在点 x_0 处的**导数**，记为 $y'|_{x=x_0}$，或记作 $f'(x_0)$，$\dfrac{dy}{dx}|_{x=x_0}$，$\dfrac{df(x)}{dx}|_{x=x_0}$．

即
$$f'(x_0)=\lim_{\Delta x\to 0}\frac{\Delta y}{\Delta x}=\lim_{\Delta x\to 0}\frac{f(x_0+\Delta x)-f(x_0)}{\Delta x}$$

若极限不存在，称函数 $y=f(x)$ 在点 x_0 处不可导．

函数 $y=f(x)$ 在点 x_0 处的导数也可表示为

$$f'(x_0)=\lim_{x\to x_0}\frac{f(x)-f(x_0)}{x-x_0}\quad 或\quad f'(x_0)=\lim_{h\to 0}\frac{f(x_0+h)-f(x_0)}{h}.$$

2. 导数的几何意义

函数 $y=f(x)$ 在点 $M(x_0,y_0)$ 处的导数 $f'(x_0)$，在几何上表示曲线 $y=f(x)$ 在点 $M(x_0,y_0)$ 处的切线的斜率 k．

如图 2－6 所示，如果 $f'(x_0)$ 存在，则曲线 $y=f(x)$ 在点 $M(x_0,y_0)$ 处的切线方程为

$$y-y_0=f'(x_0)(x-x_0)$$

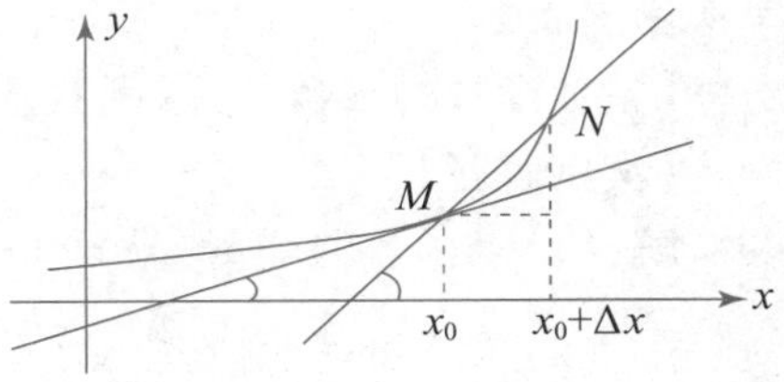

图　2－6

法线方程为

$$y-y_0=-\frac{1}{f'(x_0)}(x-x_0)\,(f'(x_0)\neq 0).$$

注意：当 $f'(x_0)=0$ 时，切线为平行于 x 轴的直线 $y=f(x_0)$，法线为垂直于 x 轴的直线 $x=x_0$．

而当 $f'(x_0)=\infty$ 时，切线为垂直于 x 轴的直线 $x=x_0$，法线为平行于 x 轴的直线 $y=f(x_0)$．

3. 导函数

若函数 $f(x)$ 在区间 (a,b) 内的每一点都可导，则函数 $f(x)$ 在区间 (a,b) 内可导，此时，对于该区间 (a,b) 内的每一点 x 都有一个导数值 $f'(x)$ 与之对应，这样就确定了一个新的函数，这个函数叫函数 $y=f(x)$ 在区间 (a,b) 内对 x 的导函数．记作 y'，$f'(x)$，$\dfrac{dy}{dx}$ 或 $\dfrac{df(x)}{dx}$．

即
$$f'(x)=\lim_{\Delta x\to 0}\frac{\Delta y}{\Delta x}=\lim_{\Delta x\to 0}\frac{f(x+\Delta x)-f(x)}{\Delta x}.$$

2.1.2 可导与连续的关系

定理 8 如果函数 $y=f(x)$ 在点 x_0 处可导,则 $f(x)$ 在点 x_0 处连续.

案例 2.1

[三角函数的导数] 求函数 $y=\sin x$ 的导数.

【案例分析】

根据导数的定义求函数的导数要经三个步骤:

(1)求函数的增量:$\Delta y=f(x+\Delta x)-f(x)$

(2)求增量的比值:$\dfrac{\Delta y}{\Delta x}=\dfrac{f(x+\Delta x)-f(x)}{\Delta x}$

(3)求增量比的极限:$\lim\limits_{\Delta x\to 0}\dfrac{\Delta y}{\Delta x}=\lim\limits_{\Delta x\to 0}\dfrac{f(x+\Delta x)-f(x)}{\Delta x}$

如果上式的极限存在,则 $y'=\lim\limits_{\Delta x\to 0}\dfrac{\Delta y}{\Delta x}$.

【案例解答】

解:(1)求函数的增量:

$$\Delta y=f(x+\Delta x)-f(x)=\sin(x+\Delta x)-\sin x=2\cos\left(x+\frac{\Delta x}{2}\right)\cdot\sin\frac{\Delta x}{2}$$

(2)求增量的比值:

$$\frac{\Delta y}{\Delta x}=\frac{f(x+\Delta x)-f(x)}{\Delta x}=\frac{2\cos\left(x+\frac{\Delta x}{2}\right)\cdot\sin\frac{\Delta x}{2}}{\Delta x}=\cos\left(x+\frac{\Delta x}{2}\right)\cdot\frac{\sin\frac{\Delta x}{2}}{\frac{\Delta x}{2}}$$

(3)求增量比的极限:

$$\lim_{\Delta x\to 0}\frac{\Delta y}{\Delta x}=\lim_{\Delta x\to 0}\cos\left(x+\frac{\Delta x}{2}\right)\cdot\frac{\sin\frac{\Delta x}{2}}{\frac{\Delta x}{2}}=\cos x\cdot 1=\cos x.$$

(4)由于增量比的极限存在,所以 $y'=\cos x$,即 $(\sin x)'=\cos x$.

案例 2.2

[指数函数的导数] 求函数 $y=e^x$ 的导数.

【案例解答】

解:(1)求函数的增量:$\Delta y=f(x+\Delta x)-f(x)=e^{x+\Delta x}-e^x=e^x(e^{\Delta x}-1)$

(2)求增量的比值:$\dfrac{\Delta y}{\Delta x}=\dfrac{f(x+\Delta x)-f(x)}{\Delta x}=e^x\,\dfrac{e^{\Delta x}-1}{\Delta x}$

(3)求增量比的极限:$\lim\limits_{\Delta x\to 0}\dfrac{\Delta y}{\Delta x}=\lim\limits_{\Delta x\to 0}e^x\,\dfrac{e^{\Delta x}-1}{\Delta x}$

令 $u=e^{\Delta x}-1$ 则 $\Delta x=\ln(1+u)$,当 $\Delta x\to 0$ 时 $u\to 0$.

于是 $\lim\limits_{\Delta x\to 0}\dfrac{\Delta y}{\Delta x}=\lim\limits_{u\to 0}e^x\cdot\dfrac{u}{\ln(1+u)}=e^x\lim\limits_{u\to 0}\dfrac{1}{\ln(1+u)^{\frac{1}{u}}}=e^x\cdot\dfrac{1}{\ln e}=e^x$

由于增量比的极限存在,所以 $y'=e^x$

即

$$(e^x)'=e^x.$$

2.2 导数的运算

2.2.1 基本初等函数的求导公式

$C'=0$(C 为常数); $(x^\alpha)'=\alpha x^{\alpha-1}$;

$(a^x)'=a^x\ln a$ ($a>0$ 且 $a\neq 1$); $(e^x)'=e^x$;

$(\log_a x)'=\dfrac{1}{x\ln a}(a>0$ 且 $a\neq1)$；

$(\ln x)'=\dfrac{1}{x}$；

$(\sin x)'=\cos x$；

$(\cos x)'=-\sin x$；

$(\tan x)'=\dfrac{1}{\cos^2 x}=\sec^2 x$；

$(\cot x)'=-\dfrac{1}{\sin^2 x}=-\csc^2 x$；

$(\sec x)'=\sec x\tan x$；

$(\csc x)'=-\csc x\cot x$；

$(\arcsin x)'=\dfrac{1}{\sqrt{1-x^2}}$；

$(\arccos x)'=-\dfrac{1}{\sqrt{1-x^2}}$；

$(\arctan x)'=\dfrac{1}{1+x^2}$；

$(\operatorname{arccot} x)'=-\dfrac{1}{1+x^2}$.

2.2.2 函数的求导法则

设函数 $u(x)$，$v(x)$ 在点 x 处可导，则函数 $u(x)$ 与 $v(x)$ 的和、差、积在点 x 处一定可导，当 $v(x)\neq0$ 时商也一定可导，且有

$$[u(x)\pm v(x)]'=u'(x)\pm v'(x)$$

$$[u(x)v(x)]'=u'(x)v(x)+u(x)v'(x)$$

$$\left[\frac{u(x)}{v(x)}\right]'=\frac{u'(x)v(x)-u(x)v'(x)}{v^2(x)}.$$

案例 2.3

设 $f(x)=x(x-1)(x-2)(x-3)(x-4)$，求 $f'(0)$.

【案例解答】

解1：由乘积的求导法则有

$$f'(x)=(x-1)(x-2)(x-3)(x-4)+x(x-2)(x-3)(x-4)+\cdots+x(x-1)(x-2)(x-3)$$

所以 $f'(0)=4!=24$.

解2：由导数的定义有

$$f'(0)=\lim_{x\to0}\frac{f(x)-f(0)}{x-0}=\lim_{x\to0}(x-1)(x-2)(x-3)(x-4)=4!=24.$$

案例 2.4

[制冷效果]

某单位冷库在对冰柜制冷后断电测试其制冷效果，th 后冰柜的温度为 $T=\dfrac{2t}{0.05t+1}-20$（单位：℃）. 问冰柜温度 T 关于时间 t 的变化率是多少？

【案例解答】

解：冰柜温度 T 关于时间 t 的变化率为

$$\frac{\mathrm{d}T}{\mathrm{d}t}=\left(\frac{2t}{0.05t+1}-20\right)'=\left(\frac{2t}{0.05t+1}\right)'-20'$$

$$=\frac{2(0.05t+1)-2t\times0.05}{(0.05t+1)^2}-0=\frac{2}{(0.05t+1)^2}(℃/\mathrm{h})$$

即冰柜温度 T 关于时间 t 的变化率为 $\dfrac{2}{(0.05t+1)^2}$（℃/h）

2.2.3 复合函数的求导法则

设函数 $u=\varphi(x)$ 在点 x 可导，$y=f(u)$ 在相应的点 u 可导，则复合函数 $y=f[\varphi(x)]$ 在点 x 也可导，且有 $\dfrac{\mathrm{d}y}{\mathrm{d}x}=\dfrac{\mathrm{d}y}{\mathrm{d}u}\cdot\dfrac{\mathrm{d}u}{\mathrm{d}x}$（或 $y'_x=y'_u\times u'_x$）.

案例 2.5

求函数 $y=\ln(x+\sqrt{x^2+a^2})$ 的导数.

【案例解答】

$$\text{解}:y'=\frac{(x+\sqrt{x^2+a^2})}{x+\sqrt{x^2+a^2}}=\frac{1+\dfrac{2x}{2\sqrt{x^2+a^2}}}{x+\sqrt{x^2+a^2}}$$

$$=\frac{1}{x+\sqrt{x^2+a^2}}\left(\frac{\sqrt{x^2+a^2}+x}{\sqrt{x^2+a^2}}\right)$$

$$=\frac{1}{\sqrt{x^2+a^2}}$$

即 $[\ln(x+\sqrt{x^2+a^2})]'=\dfrac{1}{\sqrt{x^2+a^2}}$.

案例 2.6

[钢梁长度的变化率]

设某钢梁的长度 L(单位:cm)取决于气温 H(单位:℃),而气温 H 取决于时间 t(单位:h). 已知气温每升高 1℃,钢梁的长度增加 0.02cm,而每隔 1h,气温上升 0.3℃,试计算钢梁长度关于时间的增加速率.

【案例解答】

解:已知长度对温度的变化率为 $\dfrac{dL}{dH}=0.02\text{cm/℃}$.

气温对时间的变化率为 $\dfrac{dH}{dt}=0.3\text{℃/h}$.

长度对时间的变化率为 $\dfrac{dL}{dt}=\dfrac{dL}{dH}\times\dfrac{dH}{dt}=0.02\times0.3=0.006\text{cm/h}$.

所以钢梁长度关于时间的增长率为 0.006cm/h.

2.2.4 反函数的求导法

如果单调连续函数 $x=\varphi(y)$ 可导,设且 $\varphi'(y)\neq0$,则它的反函数 $y=f(x)$ 也可导,且有 $f'(x)=\dfrac{1}{\varphi'(y)}$(或 $\dfrac{dy}{dx}=\dfrac{1}{\dfrac{dx}{dy}}$).

案例 2.7

[反三角函数的导数] 求函数 $y=\arcsin x$ 的导数.

【案例解答】

解:因为 $x=\varphi(y)=\sin y$ 在 $\left(-\dfrac{\pi}{2},\dfrac{\pi}{2}\right)$ 内单调、可导,且 $\varphi'(y)\neq0$,所以其反函数 $y=f(x)=\arcsin x$ 在 $(-1,1)$ 内单调、可导,且有 $(\arcsin x)'=\dfrac{1}{\varphi'(y)}=\dfrac{1}{\cos y}=\dfrac{1}{\sqrt{1-\sin^2y}}=\dfrac{1}{\sqrt{1-x^2}}$,

即 $$(\arcsin x)'=\frac{1}{\sqrt{1-x^2}}$$

同理可得 $$(\arccos x)'=-\frac{1}{\sqrt{1-x^2}}.$$

2.3 隐函数的求导法

求方程 $F(x,y)=0$ 确定的隐函数 y 的导数 $\dfrac{dy}{dx}$,只要将方程中的 y 看成是 x 的函数,利用复合函数的求导法则，在方程的两边同时对 x 求导，得到一个关于$\frac{dy}{dx}$的方程，然后从中将$\frac{dy}{dx}$解出来即可．

案例 2.8

设 $xy-e^x+e^y=0$，求 $y'|_{x=0}$.

【案例解答】

解：将 y 看成是 x 的函数，方程 $xy-e^x+e^y=0$ 两边同时对 x 求导，$y+xy'-e^x+e^yy'=0$　解得 $y'=\frac{e^x-y}{x+e^y}$，当 $x=0$ 时由原方程解得 $y=0$，所以 $y'|_{x=0}=\frac{e^0-0}{0+e^0}=1$，即 $y'|_{x=0}=1$.

案例 2.9

设　$y=x^x(x>0)$，求 y'.

【案例解答】

解 1：因为 $x>0$，所以将函数变形为　$y=e^{\ln x^x}=e^{x\ln x}$

于是
$$y'=e^{x\ln x}(x\ln x)'=e^{x\ln x}(\ln x+1)=x^x(\ln x+1)$$

即
$$y'=x^x(\ln x+1).$$

解 2：对数求导法

对 $y=x^x$ 等式两边取以 e 为底的对数，

$$\ln y=x\ln x$$

两边同时对 x 求导，

可得
$$\frac{1}{y}y'=\ln x+1$$

所以　$y'=y(\ln x+1)$，将 $y=x^x$ 代入，得 $y'=x^x(\ln x+1)$.

案例 2.10

求函数 $y=\frac{\sqrt{x+1}(x^4+2)}{(x^2+1)(x-1)}$　$(x>1)$的导数$\frac{dy}{dx}$.

【案例解答】

解：对数求导法，

对　$y=\frac{\sqrt{x+1}(x^4+2)}{(x^2+1)(x-1)}$　等式两边取对数得：

$$\ln y=\frac{1}{2}\ln(x+1)+\ln(x^4+2)-\ln(x^2+1)-\ln(x-1)$$

两边同时对 x 求导，$\frac{1}{y}y'=\frac{1}{2(x+1)}+\frac{4x^3}{x^4+2}-\frac{2x}{x^2+1}-\frac{1}{x-1}$，将 $y=\frac{\sqrt{x+1}(x^4+2)}{(x^2+1)(x-1)}$代入整理得 $y'=\frac{\sqrt{x+1}(x^4+2)}{(x^2+1)(x-1)}\left[\frac{1}{2(x+1)}+\frac{4x^3}{x^4+2}-\frac{2x}{x^2+1}-\frac{1}{x-1}\right]$.

2.4　由参数方程确定的函数的导数

参数方程$\begin{cases}x=\phi(t)\\y=\varphi(t)\end{cases}$，$(a\leqslant x\leqslant b)$，$t$ 为参数，确定 y 与 x 之间的函数关系，如果 $x=\phi(t)$和 $y=\varphi(t)$都可导，且 $\phi'(t)\neq0$，则$\frac{dy}{dx}=\frac{\frac{dy}{dt}}{\frac{dx}{dt}}=\frac{\phi'(t)}{\varphi'(t)}$. 即$\frac{dy}{dx}=\frac{\phi'(t)}{\varphi'(t)}\left(或\frac{dy}{dx}=\frac{y'_t}{x'_t}\right)$.

案例 2.11

求下列参数方程所确定的函数的导数$\frac{dy}{dx}$.

(1) $\begin{cases} x = 1 + \sin t \\ y = t\cos t \end{cases}$;　(2) $\begin{cases} x = \ln(1+t^2) + 1 \\ y = 2\arctan t - 1 \end{cases}$.

【案例解答】

(1)解:因为$\dfrac{dx}{dt} = (1+\sin t)' = \cos t$　$\dfrac{dy}{dt} = (t\cos t)' = \cos t - t\sin t$

所以 $\dfrac{dy}{dx} = \dfrac{\frac{dy}{dt}}{\frac{dx}{dt}} = \dfrac{\cos t - t\sin t}{\cos t} = 1 - t\tan t.$

(2)解:$\dfrac{dx}{dt} = [\ln(1+t^2)+1]' = \dfrac{2t}{1+t^2}$　$\dfrac{dy}{dt} = (2\arctan t - 1)' = \dfrac{2}{1+t^2}$

所以 $\dfrac{dy}{dx} = \dfrac{\frac{dy}{dt}}{\frac{dx}{dt}} = \dfrac{\frac{2}{1+t^2}}{\frac{2t}{1+t^2}} = \dfrac{1}{t}, \dfrac{dy}{dx} = \dfrac{1}{t}.$

案例 2.12

【曲线的切线方程】

求双曲线 $x^2 - y^2 = 1$ 上点 $M(\sqrt{2},1)$处的切线方程.

【案例解答】

解:将 y 看成是 x 的函数,方程 $x^2 - y^2 = 1$ 两边同时对 x 求导,

得 $2x - 2yy' = 0$　从而 $y' = \dfrac{x}{y}$,

将 $x = \sqrt{2}, y = 1$ 代入到 $y' = \dfrac{x}{y}$中,

得切线的斜率 $k = y'|_{x=\sqrt{2}} = \sqrt{2}$,

过点$(\sqrt{2},1)$的切线方程为 $y - 1 = \sqrt{2}(x - \sqrt{2})$

即　$y - \sqrt{2}x + 1 = 0.$

案例 2.13

【摆线的切线方程】

求摆线$\begin{cases} x = a(t - \sin t) \\ y = a(1 - \cos t) \end{cases}$在所对的点 $t = \dfrac{\pi}{3}$处的切线与法线方程.

【案例解答】

解:$\dfrac{dy}{dx} = \dfrac{\frac{dy}{dt}}{\frac{dx}{dt}} = \dfrac{a(1-\cos t)'}{a(t - \sin t)'} = \dfrac{\sin t}{1 - \cos t}$

所以 $\dfrac{dy}{dx}\Big|_{t=\frac{\pi}{3}} = \dfrac{\sin t}{1-\cos t}\Big|_{t=\frac{\pi}{3}} = \dfrac{\sin\frac{\pi}{3}}{1 - \cos\frac{\pi}{3}} = \sqrt{3}.$

故切线的斜率为 $k_1 = \sqrt{3}$,法线的斜率为 $k_2 = -\dfrac{\sqrt{3}}{3}$.

由于当 $t = \dfrac{\pi}{3}$时$\begin{cases} x = a\left(\dfrac{\pi}{3} - \dfrac{\sqrt{3}}{2}\right) \\ y = \dfrac{a}{2} \end{cases}$,故切点为$\left(a\left(\dfrac{\pi}{3} - \dfrac{\sqrt{3}}{2}\right), \dfrac{a}{2}\right)$

所以切线方程为
$$y-\frac{a}{2}=\sqrt{3}\left[x-a\left(\frac{\pi}{3}-\frac{\sqrt{3}}{2}\right)\right]$$

即
$$y=\sqrt{3}x+2a-\frac{\sqrt{3}\pi a}{3}$$

法线方程为
$$y-\frac{a}{2}=-\frac{\sqrt{3}}{3}\left[x-a\left(\frac{\pi}{3}-\frac{\sqrt{3}}{2}\right)\right]$$

即
$$y=-\frac{\sqrt{3}}{3}x+\frac{\sqrt{3}\pi a}{9}.$$

2.5 函数的高阶导数

定义 3 函数 $y=f(x)$ 在点 x 处可导，若 $y'=f'(x)$ 的导数存在，则称该导数为函数 $y=f(x)$ 在点 x 处的**二阶导数**，记为：y'' 或 $f''(x)$，$\frac{\mathrm{d}^2y}{\mathrm{d}x^2}$，$\frac{\mathrm{d}^2f(x)}{\mathrm{d}x^2}$.

若函数 $y=f(x)$ 的二阶导数 y'' 的导数存在，则称该函数**三阶可导**，且三阶导数记为 y''' 或 $f'''(x)$，$\frac{\mathrm{d}^3y}{\mathrm{d}x^3}$，$\frac{\mathrm{d}^3f(x)}{\mathrm{d}x^3}$.

一般若函数 $y=f(x)$ 的 $n-1$ 阶导数 $y^{(n-1)}$（从四阶导数起的记号）的导数存在，则称该函数 n **阶可导**，导数的 n 阶导数记为 $y^{(n)}$ 或 $f^{(n)}(x)$，$\frac{\mathrm{d}^ny}{\mathrm{d}x^n}$，$\frac{\mathrm{d}^nf(x)}{\mathrm{d}x^n}$.

注意函数的二阶及二阶以上的导数称为函数的**高阶导数**.

案例 2.14

设 $y=a_0x^n+a_1x^{n-1}+a_2x^{n-2}+\cdots+a_n$，求 $y^{(n)}$.

【案例解答】

解：$y'=a_0nx^{n-1}+a_1(n-1)x^{n-2}+a_2(n-2)x^{n-3}+\cdots+a_{n-1}$

$y''=a_0n(n-1)x^{n-2}+a_1(n-1)(n-2)x^{n-3}+a_2(n-2)(n-3)x^{n-4}+\cdots+2a_{n-2}$

………………

由此 $y^{(n)}=a_0n!$. 显然当 $k>n$ 时，有 $y^{(k)}=0$.

案例 2.15

求由参数方程 $\begin{cases}x=\ln(1+t^2)+1\\ y=2\arctan t-1\end{cases}$ 所确定函数的二阶导数 $\frac{\mathrm{d}^2y}{\mathrm{d}x^2}$.

【案例解答】

解：由案例 2.11(2) 得 $\frac{\mathrm{d}y}{\mathrm{d}x}=\frac{1}{t}$，

由复合函数及反函数的求导法，得

$$\frac{\mathrm{d}^2y}{\mathrm{d}x^2}=\frac{\mathrm{d}}{\mathrm{d}x}\left(\frac{\mathrm{d}y}{\mathrm{d}x}\right)=\frac{\mathrm{d}}{\mathrm{d}x}\left(\frac{1}{t}\right)=\frac{\mathrm{d}\left(\frac{1}{t}\right)}{\mathrm{d}t}\Big/\frac{\mathrm{d}x}{\mathrm{d}t}=-\frac{1}{t^2}\Big/\frac{2t}{1+t^2}=-\frac{1+t^2}{2t^3},$$

所以 $\frac{\mathrm{d}^2y}{\mathrm{d}x^2}=-\frac{1+t^2}{2t^3}$.

2.6 微分及其应用

2.6.1 微分的定义

1. 定义

设函数 $y=f(x)$ 在点 x_0 的某个邻域 $U(x_0)$ 内有定义，即 $x_0+\Delta x\in U(x_0)$，如果相应地函数的增量 $\Delta y=f(x_0+\Delta x)-f(x_0)$ 可以表示为 $\Delta y=A\Delta x+o(\Delta x)$，其中 A 是与 Δx 无关的量，$o(\Delta x)$ 是比 Δx 的高阶无穷小（Δx

$\to 0$),那么函数 $y=f(x)$ 在点 x_0 是可微的,$A\Delta x$ 称为函数在点 x_0 处相应于自变量 Δx 的**微分**,记为 $dy|_{x=x_0}$,即 $dy|_{x=x_0}=A\Delta x$.

2. 可微的充分必要条件

定理:函数 $y=f(x)$ 在点 x_0 可微的充分必要条件是函数 $y=f(x)$ 在点 x_0 可导,且 $A=f'(x_0)$.

由定理可知,函数 $y=f(x)$ 在点 x_0 的微分为 $dy|_{x=x_0}=f'(x_0)\Delta x$

3. 微分函数

设函数 $y=f(x)$ 在区间 (a,b) 内每一点都可微,则称函数 $y=f(x)$ 是 (a,b) 内的**可微函数**. 函数 $y=f(x)$ 在 (a,b) 内任意点 x 处的微分称为**函数的微分**,记为 dy,

即 $dy=f'(x)\Delta x$ 一般记为 $dy=f'(x)dx$.

2.6.2 微分的计算

1. 基本公式

$dC=0$(C 为常数);

$dx^\alpha=\alpha x^{\alpha-1}dx$;

$da^x=a^x\ln a dx$($a>0$ 且 $a\neq 1$);

$de^x=e^x dx$;

$d\log_a x=\frac{1}{x\ln a}dx$($a>0$ 且 $a\neq 1$);

$d\ln x=\frac{1}{x}dx$;

$d\sin x=\cos x dx$;

$d\cos x=-\sin x dx$;

$d\tan x=\frac{1}{\cos^2 x}=\sec^2 x dx$;

$d\cot x=-\frac{1}{\sin^2 x}=-\csc^2 x dx$;

$d\sec x=\sec x\tan x dx$;

$d\csc x=-\csc x\cot x dx$;

$d\arcsin x=\frac{1}{\sqrt{1-x^2}}dx$;

$d\arccos x=-\frac{1}{\sqrt{1-x^2}}dx$;

$d\arctan x=\frac{1}{1+x^2}dx$;

$d\text{arccot} x=-\frac{1}{1+x^2}dx$.

2. 微分的运算法则

设函数 $u=\varphi(x)$ 及 $y=f(u)$ 均可微,则

$d(u\pm v)=du\pm dv$;

$duv=vdu+udv$;

$d\left(\frac{u}{v}\right)=\frac{vdu-udv}{v^2}$($v\neq 0$).

3. 复合函数的微分法

设函数 $u=\varphi(x)$,$y=f(u)$ 可微,则复合函数 $y=f(\varphi(x))$ 可微,且 $dy=f'(\varphi(x))\varphi'(x)dx$(或 $dy=f(u)du$).

由复合函数的微分法可见,无论是自变量还是中间变量,微分的形式是不变的. 这一性质称为**微分形式的不变性**.

案例 2.16

求函数 $y=2+xe^x$ 的微分 dy.

【案例解答】

解:$dy=d(2+xe^x)=e^x dx+xde^x=e^x dx+xe^x dx=(1+x)e^x dx$.

2.6.3 微分的近似计算

由微分的定义可知,当 $|\Delta x|$ 非常非常小时,有

$$\Delta y=f(x_0+\Delta x)-f(x_0)\approx dy=f'(x_0)\Delta x$$

于是有近似计算公式 $f(x_0+\Delta x)\approx f(x_0)+f'(x_0)\Delta x$

若令 $x_0+\Delta x=x$ 则 $f(x)\approx f(x_0)+f'(x_0)(x-x_0)$

当 $x_0=0$ 且 $|x|$ 很小时的常用近似公式:

$$\sqrt[n]{1+x}\approx 1+\frac{x}{n};e^x\approx 1+x;\ln(1+x)\approx x;\sin x\approx x;\tan x\approx x.$$

案例 2.17

某工厂要将一批半径为 1cm 的钢球表面镀上一层厚度为 0.001cm 的铜质薄膜,已知铜的密度为 $\rho=8.9\text{g/cm}^3$,求每只钢球所消耗的铜量 M.

【案例分析】

因为钢球消耗的铜量实际就是球体积的增加量在乘以铜的密度,而球体的增加量的近似值就是当球体半径增加 0.001cm 时球体的微分值.

【案例解答】

解:由球体积的公式 $V=\frac{4}{3}\pi r^3$,有 $V'(r_0)=(\frac{4}{3}\pi r^3)'|_{r=r_0}=4\pi r_0^2$

体积在 $r_0=1,\Delta r=0.001$ 时的微分为

$$\mathrm{d}V|_{r_0=1}=V'(r_0)\Delta r=4\pi r_0^2\Delta r=4\pi\times 1^2\times 0.001=0.012566$$

于是 $$\Delta V\approx \mathrm{d}V=0.012566,$$

故每只钢球所消耗的铜量 $M=\Delta V\rho\approx 0.012566\times 8.9=0.1118(\text{g})$

案例 2.18

一只机械挂钟的钟摆周期为 1s,在冬季摆长因热胀冷缩而缩短了 0.003cm,已知单摆的周期为 $T=2\pi\sqrt{\frac{l}{g}}$,其中 $g=980\text{cm/s}^2$,问这只钟每秒大约快(慢)多少?

【案例解答】

解:因为钟摆的周期为 1s,所以有 $1=2\pi\sqrt{\frac{l}{g}}$解得摆的原长为 $l=\frac{g}{(2\pi)^2}$

由已知,摆的改变量 $\Delta l=-0.003\text{cm}$,所以周期改变量的近似值可借助微分来计算 $\Delta T\approx \mathrm{d}T=\frac{\mathrm{d}T}{\mathrm{d}l}\Delta l=\pi\frac{1}{\sqrt{gl}}\Delta l$ 将 $l=\frac{g}{(2\pi)^2}$,$\Delta l=-0.001\text{cm}$ 代入,

得 $\Delta T\approx\frac{2\pi^2}{g}\times(-0.003)\approx -0.0006\text{s}$. 故这只钟每秒大约慢 0.0006s.

2.7 导数的应用

2.7.1 函数的单调性

1. 定义

设函数 $y=f(x)$ 在区间 $I\subset D_f$ 内,随着 x 的增大而增大,即对 I 内任意点 x_1,x_2,当 $x_1<x_2$ 时,有 $f(x_1)<f(x_2)$ ($f(x_1)>f(x_2)$) 则称函数 $y=f(x)$ 在区间 I 内是单调增加的,如图 2-7 所示(单调减少函数如图2-8所示).

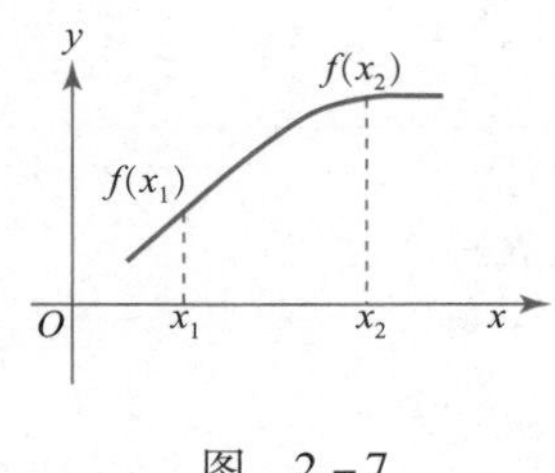

图 2-7

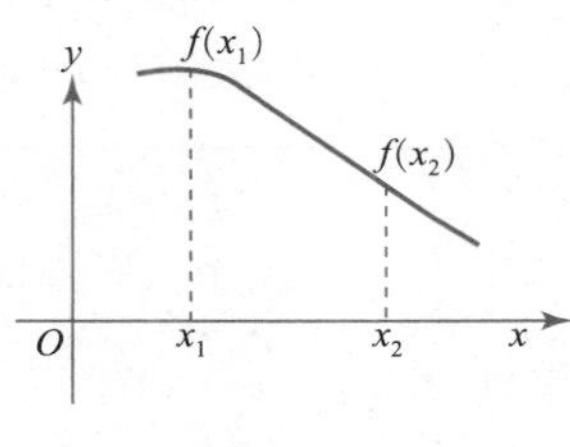

图 2-8

2. 单调性的判别

设函数 $y=f(x)$ 在区间 $[a,b]$ 上连续,在区间 (a,b) 内可导,

(1)若在 (a,b) 内 $f'(x)>0$,则函数 $y=f(x)$ 在区间 $[a,b]$ 上单调增加;

(2)若在(a,b)内$f'(x)<0$,则函数$y=f(x)$在区间$[a,b]$上单调减少.

2.7.2 函数的极值

1. 定义

设函数$y=f(x)$在点x_0的某个邻域$U(x_0)$内有定义,若对该邻域内任何点$x(x\neq x_0)$,恒有$f(x)<f(x_0)$ $(f(x)>f(x_0))$,则称$f(x_0)$为函数的**极大值(极小值)**.

函数的极大值与极小值统称为极值,使函数取得极值的点称为函数的极值点.

2. 极值的判别法

定理9 极值存在的必要条件.

若函数$y=f(x)$在点x_0处可导,且在点x_0处取得极值,则必有$f'(x_0)=0$.

定理10 极值存在的第一充分条件.

若函数$y=f(x)$在点x_0的某个邻域内连续,且在该邻域内可导(或在点x_0的导数不存在),

(1)若在点x_0的邻域内,当$x<x_0$时$f'(x)>0$;而当$x>x_0$时$f'(x)<0$,则称函数$f(x)$在点x_0处取得极大值$f(x_0)$.

(2)若在点x_0的邻域内,当$x<x_0$时$f'(x)<0$;而当$x>x_0$时$f'(x)>0$,则称函数$f(x)$在点x_0处取得极小值$f(x_0)$.

(3)若在点x_0的邻域内,$f'(x)$不变号,则$f(x_0)$不是函数$f(x)$的极值(见图2-9).

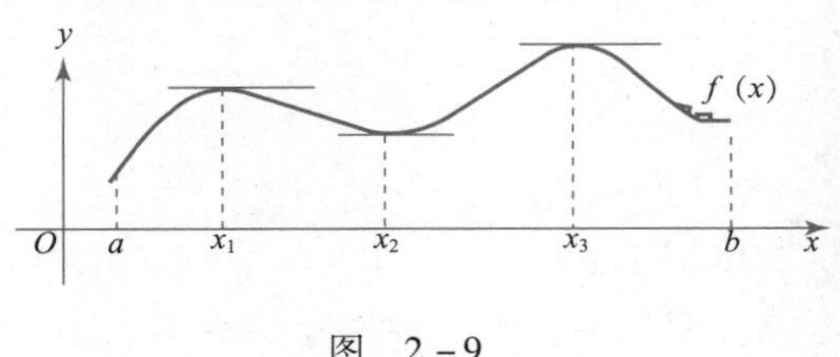

图 2-9

定理11 极值存在的第二充分条件

设函数$y=f(x)$在点x_0处二阶可导,且$f'(x_0)=0$,$f''(x_0)\neq 0$则

(1)当$f''(x_0)<0$时,函数$f(x)$在点x_0处取得极大值$f(x_0)$.

(2)当$f''(x_0)>0$时,函数$f(x)$在点x_0处取得极小值$f(x_0)$.

案例2.19

求函数$y=(x-2)x^{\frac{2}{3}}$的单调区间与极值.

【案例解答】

解:函数的定义域为$(-\infty,+\infty)$,且 $y=x^{\frac{5}{3}}-2x^{\frac{2}{3}}$,

则
$$y'=\frac{5}{3}x^{\frac{2}{3}}-\frac{4}{3}x^{-\frac{1}{3}}=\frac{5x-4}{3\sqrt[3]{x}}.$$

令$y'=0$得$x=\frac{4}{5}$,当$x=0$时y'不存在. 用$x=\frac{4}{5}$,$x=0$划分函数的定义域,且列表讨论(见表2-1).

表 2-1

x	$(-\infty,0)$	0	$(0,\frac{4}{5})$	$\frac{4}{5}$	$(\frac{4}{5},+\infty)$
y'	+	0	−	不存在	+
y	↗	$y\big\|_{极大值}(0)=0$	↘	$y\big\|_{极小值}(\frac{4}{5})=-\frac{6}{5}(\frac{4}{5})^{\frac{2}{3}}$	↗

所以函数在$(-\infty,0)$与$\left(\frac{4}{5},+\infty\right)$内单调递增,在$\left(0,\frac{4}{5}\right)$内单调递减.

在$x=0$处取得极大值且$y|_{极大值}(0)=0$,

在$x=\frac{4}{5}$处取得极小值$y|_{极小值}\left(\frac{4}{5}\right)=-\frac{6}{5}\left(\frac{4}{5}\right)^{\frac{2}{3}}$.

2.7.3 曲线的凹凸性及拐点

1. 曲线的凹凸性定义

设曲线$y=f(x)$在区间(a,b)内各点都有切线,在切点附近如果曲线弧总是位于切线的上方,则称曲线

$y=f(x)$在区间(a,b)上是**凹的**(或称为**凹弧**),称区间(a,b)为曲线$y=f(x)$的**凹区间**(见图2-10).如果曲线弧总是位于切线的下方,则称曲线$y=f(x)$在区间(a,b)上是**凸的**(或称为**凸弧**),称区间(a,b)为曲线$y=f(x)$的**凸区间**(见图2-11).

2. 曲线凹凸性的判别方法

定理12 设函数$y=f(x)$在区间(a,b)内二阶可导,

(1)如果在(a,b)区间内$f''(x)>0$,则称曲线$y=f(x)$在区间(a,b)上是凹的.

(2)如果在(a,b)区间内$f''(x)<0$,则称曲线$y=f(x)$在区间(a,b)上是凸的.

3. 拐点

曲线上改变曲线凹凸性的点$M(x_0,f(x_0))$叫曲线的拐点(见图2-12).

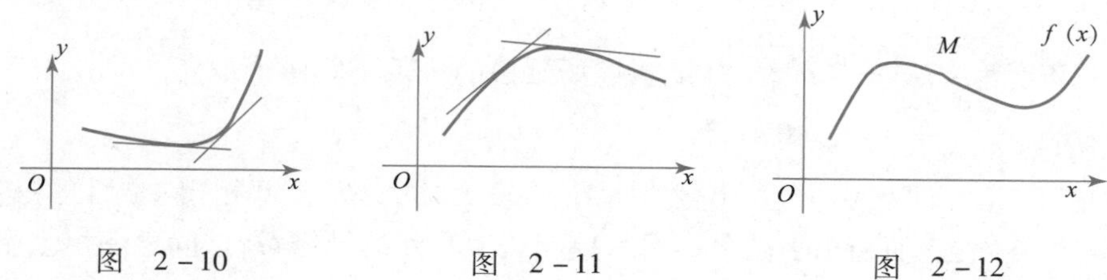

图 2-10　　图 2-11　　图 2-12

案例2.20

求曲线$y=\frac{9}{5}x^{\frac{5}{3}}-x^2$的凹凸区间与拐点.

【案例解答】

解:函数的定义域为$(-\infty,+\infty)$,由$y=\frac{9}{5}x^{\frac{5}{3}}-x^2$求导得

$$y'=3x^{\frac{2}{3}}-2x,y''=2(x^{-\frac{1}{3}}-1)$$

令$y''=0$得$x=1$,当$x=0$时y''不存在.

用$x=1,x=0$划分函数的定义域,且列表讨论(见表2-2).

表 2-2

x	$(-\infty,0)$	0	$(0,1)$	1	$(1,+\infty)$
y''	$-$	不存在	$-$	0	$+$
y	凸		凸	拐点$\left(1,\frac{4}{5}\right)$	凹

所以曲线的凹区间为$(1,+\infty)$, 凸区间为$(-\infty,1)$,拐点为$\left(1,\frac{4}{5}\right)$.

2.7.4 最值问题

1. 函数在闭区间上的最大值与最小值

设$f(x)$为闭区间$[a,b]$上的连续函数,由连续函数的性质定理知,$f(x)$在$[a,b]$上存在最大值与最小值.又由函数极值的讨论,$f(x)$的最大值、最小值只能在区间端点、驻点及不可导点处取得.因此,只须将上述特殊点的函数值进行比较,其中最大者就是$f(x)$在$[a,b]$上的最大值(记作M),最小者就是$f(x)$在$[a,b]$上的最小值(记作m).

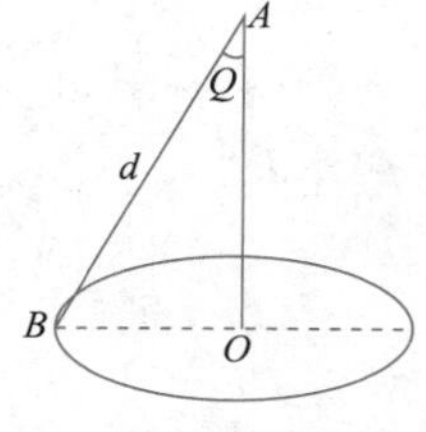

图 2-13

2. 工程技术中的最值问题

案例2.21

一电灯悬挂在直径R为30 m的圆形广场的中央如图2-13所示.假设灯光的强度与落角Q的余弦成正比,而与自灯至被照点的距离d的平方成反比.问应当将灯悬挂的多高,才能将广场延边的一条小路照得最亮?

【案例分析】

广场延边的一条小路的亮度取决于灯光的强度，所以本问题就是关于将灯悬挂的多高，灯光的强度才能最大的问题．因此本案例就是求一个关于灯光强度的最大值问题．

【案例解答】

设灯光的强度为 y，依题意 $y=k\dfrac{\cos Q}{d^2}$（其中 k 为比例系数），在三角形 ABC 中 $\cos Q=\dfrac{h}{d}$，　$d=\sqrt{r^2+h^2}$（其中 $r=\dfrac{R}{2}=15$ 为圆形广场的半径，h 为灯悬挂的高度 AO），于是 $y=\dfrac{h}{(r^2+h^2)^{\frac{3}{2}}}$，$y'=\dfrac{r^2-2h^2}{(r^2+h^2)^{\frac{5}{2}}}$，令 $y'=0$，得唯一驻点　$h=\dfrac{\sqrt{2}}{2}r=\dfrac{15\sqrt{2}}{2}$，由于灯光的强度最大值一定存在，所以当 $h=\dfrac{15\sqrt{2}}{2}$时，y 最大．

答：当灯悬挂的高度为 $h=\dfrac{15\sqrt{2}}{2}$ m 时，才能将广场延边的一条小路照得最亮．

案例 2.22

某房地产公司有 50 套公寓出租，当月租金为每月 1000 元时，公寓全部租出去，当月租金每月增加 50 元时，就会多一套公寓租不出去，而租出去的公寓每月要花费 100 元的维修费，试问房屋租金定为多少时收入最大．

【案例解答】

设房屋租金为每月 x 元，房屋租金总收入为 y

则由题意 $y=(x-100)\left(50-\dfrac{x-1000}{50}\right)=\dfrac{1}{50}(-x^2+3600x+350000)$，

$y'=\dfrac{1}{50}(-2x+3600)$，令 $y'=0$，则 $x=1800$，

由于驻点唯一，而实际问题的最值存在，所以 $x=1800$ 为最值点．

答：当房屋租金为每月 1800 元时，收入最大为 57800 元．

2.7.5　曲率

1. 弧微分

在曲线 $y=f(x)$ 上点 $M(x,y)$ 的邻近取一点 $M'(x+\Delta x,y+\Delta y)$，如图 2－14 所示，$(x\in(a,b),x+\Delta x\in(a,b))$，则弧长函数 $s(x)$（$s=\overset{\frown}{M_0M}=s(x)$）的微分为 $\mathrm{d}s=\sqrt{1+y'^2}$（简称弧微分公式）．

2. 曲率

设曲线 C：$y=f(x)$ 是光滑的，在 C 上任取一点 $M_0(x_0,y_0)$ 作为度量弧长的基点．设曲线 C 上点 $M(x,y)$ 对应弧 s，点 M 处曲线的切线倾斜角为 α．点 $M'(x+\Delta x,y+\Delta y)$ 是 C 上邻近点 M 的另一点，对应弧 $s+\Delta s$，点 M'处曲线的切线倾斜角为 $\alpha+\Delta\alpha$（见图 2－14）．当动点由点 M 沿 C 移动到点 M'时，切线转过的角度为 $|\Delta\alpha|$，比值 $\dfrac{|\Delta\alpha|}{|\Delta s|}$称为弧段$\overset{\frown}{MM'}$的**平均曲率**，记作 $\overline{K}$，即 $\overline{K}=\dfrac{|\Delta\alpha|}{|\Delta s|}$.

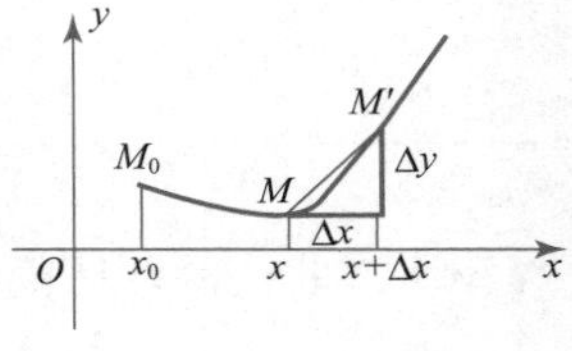

图　2－14

（1）曲率定义：当 $M'\to M$ 时，$\Delta s\to 0$. 此时若平均曲率的极限存在，称该极限值为曲线 C 在点 M 处的**曲率**．记作 K.

（2）曲率的计算公式：设函数 $y=f(x)$ 具有二阶导数，则曲线 $y=f(x)$ 在任一点 $M(x,y)$ 处的曲率公式为

$$K=\left|\frac{y''}{(1+y'^2)^{\frac{3}{2}}}\right|$$

案例 2.23

一火车铁轨的转弯处具有三次抛物线 $y=\dfrac{1}{3}x^3$ 的弧形形状，长度单位是 km. 问列车在通过点(0,0)、

$\left(1,\frac{1}{3}\right)$、(3,9)时，它的方向改变率是多少？

【案例分析】

铁轨方向改变率就是曲率，而曲率的公式为 $K=\left|\frac{y''}{(1+y'^2)^{\frac{3}{2}}}\right|$.

【案例解答】

解：由 $y=\frac{1}{3}x^3$ 求得 $y'=x^2$ 及 $y''=2x$ 代入公式 $K=\left|\frac{y''}{(1+y'^2)^{\frac{3}{2}}}\right|$

得　$K=\left|\frac{2x}{(1+x^2)^{\frac{3}{2}}}\right|=K=\left|\frac{2x}{(1+x^4)^{\frac{3}{2}}}\right|$　　因此有

(1)在点(0,0)处的方向改变率为 $K_{x=0}=\left|\frac{2\times 0}{(1+0^4)^{\frac{3}{2}}}\right|=0\left(弧度\middle/公里\right)$.

(2)在点$(1,\frac{1}{3})$处的方向改变率为 $K_{x=0}=\left|\frac{2\times 1}{(1+1^4)^{\frac{3}{2}}}\right|=\frac{\sqrt{2}}{2}\left(弧度\middle/公里\right)$.

(3)在点(3,9)处的方向改变率为 $K_{x=0}=\left|\frac{2\times 3}{(1+3^4)^{\frac{3}{2}}}\right|=\frac{3}{41\sqrt{82}}\left(弧度\middle/公里\right)$.

案例 2.24

某悬臂梁(见图2－15)在 x 点处的挠曲线方程为 $V=\frac{Fl}{2EI}x^2-\frac{F}{6EI}x^3$，求 x 点的曲率$\left(x=\frac{l}{2}处\right)$.

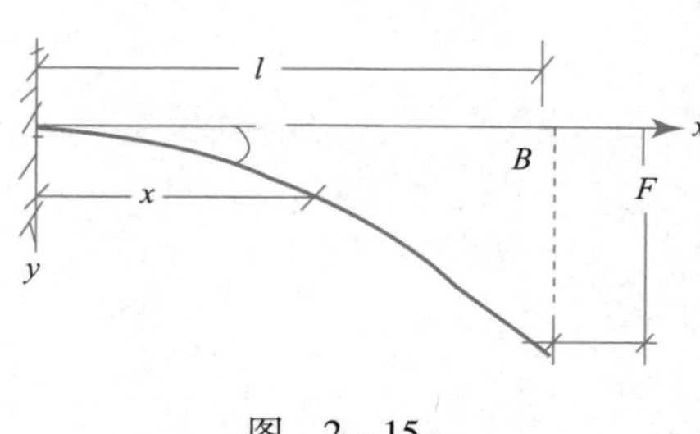

图　2－15

【案例解答】

解：因为　$\frac{1}{\rho(x)}=\frac{|V''|}{(1+V'^2)^{\frac{3}{2}}}$而 $V'=\frac{Fl}{EI}x-\frac{F}{2EI}x^2$，

$V'\big|_{x=\frac{l}{2}}=\frac{3Fl^2}{8EI}, V''=\frac{Fl}{EI}-\frac{F}{EI}x, V''\big|_{x=\frac{l}{2}}=\frac{Fl}{2EI}$

所以 x 点的曲率 $K=\frac{1}{\rho(x)}=\frac{|V''|}{(1+V'^2)^{\frac{2}{3}}}=\frac{32E^2I^2Fl}{(64E^2I^2+9F^2l^4)^{\frac{3}{2}}}$.

案例 2.25

设在一个工件上的椭圆形孔 $\overset{\frown}{CBD}$ 为椭圆 $\frac{x^2}{40^2}+\frac{y^2}{50^2}=1$ 上的一段弧(见图2－16)，若用砂轮磨削其内面，问砂轮的直径最大可选为多少？

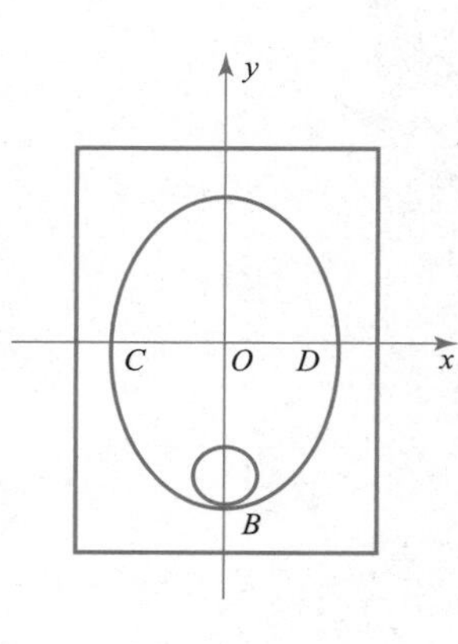

图　2－16

【案例解答】

解：求弧$\overset{\frown}{CBD}$在点处的曲率，弧$\overset{\frown}{CBD}$的方程为

$y=-50\sqrt{1-\frac{x}{40^2}}=-\frac{5}{4}\sqrt{1600-x^2}$,

$y'=\frac{5}{4}\frac{x}{\sqrt{1600-x^2}}, y''=\frac{2000}{(1600-x^2)^{\frac{3}{2}}}$

在点 $x=0$ 处 $y'=0, y''=\frac{1}{32}$.

将 y', y''代入公式 $K=\left|\frac{y''}{(1+y'^2)^{\frac{3}{2}}}\right|$中，得 B 点的曲率 $K=\frac{1}{32}$，曲率半径 $R=32$.

答：若用砂轮磨削其内面，砂轮的直径不得超过 64 个单位 .

案例 2.26

[汽车对桥的压力]一辆连同载重共 5t 的汽车在抛物线拱桥上行驶，速度为 21.6km/h，桥的跨度为 10m，桥的矢高为 0.25m，如图 2-17 所示，求汽车越过桥顶时对桥的压力.（注意：沿曲线运动的物体对所受的向心力为 $\boldsymbol{F}=\frac{mv^2}{\rho}$，其中 m 为物体的质量，v 为它的运动速度，ρ 为物体运动轨迹的曲率半径.）

【案例解答】

解：以抛物线拱桥的桥顶为中心建立坐标系，则桥顶中心点为 $(0,0)$，而抛物线拱桥的方程为 $y=-0.01x^2$，求得 $y'=-0.02x$，$y''=-0.02$. 于是在点 $(0,0)$ 处 $y'=0$ $y''=-0.02$. 于是桥顶中心点 $(0,0)$ 的曲率为 $K=\left|\frac{y''}{(1+y'^2)^{\frac{3}{2}}}\right|=0.02$. 因为曲率半径 $\rho=\frac{1}{K}$，所以 $\frac{1}{\rho}=0.02$.

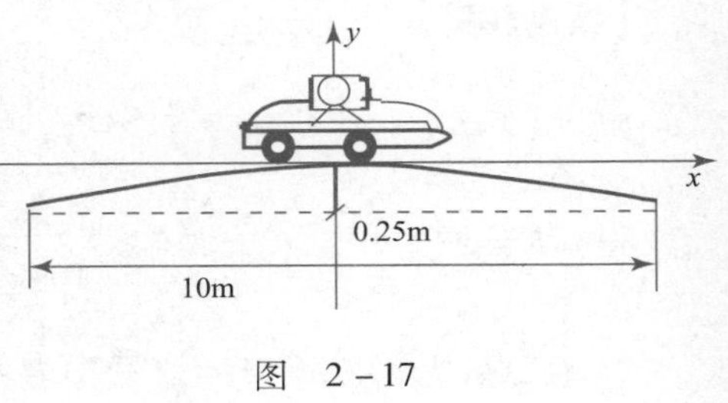

图 2-17

当载重为 $m=5\text{t}=5000\text{kg}$ 的汽车以速度为

$$v=21.6\text{km/h}=21.6\times10^3\text{m}/3600\text{s}=6\text{m/s}$$

越过桥顶时对桥的压力为

$\boldsymbol{F}_{压力}=mg-\boldsymbol{F}$，又因为

$$\boldsymbol{F}=\frac{mv^2}{\rho}=0.02\times5000\times6^2=3600\text{N},\ mg=5000\times9.8=49000\text{N}$$

故 $\boldsymbol{F}_{压力}=mg-\boldsymbol{F}=49000-3600=45400\text{N}$

答：汽车越过桥顶时对桥的压力为 45400N.

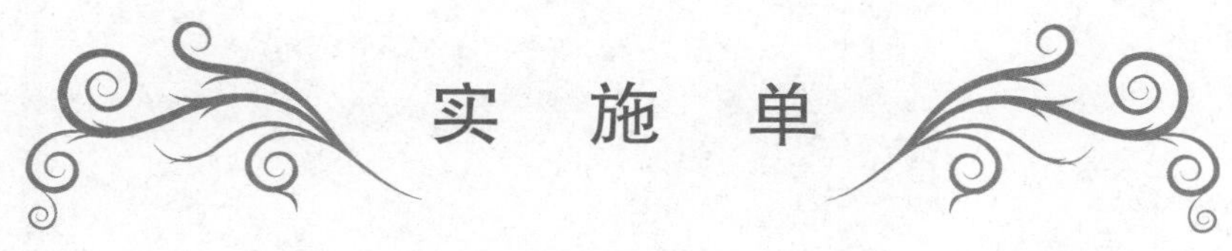

实　施　单

学习领域	土木工程应用数学		
学习情境	工程技术中的最值、曲率、误差估计问题	学时	26
实施方式	由各小组完成计划,每人填写此单		
序号	实 施 步 骤	使用资源	
实施说明			
班级		第　组	组长签字	
教师签字		日期	

<table>
<tr><td>学习领域</td><td colspan="3">土木工程应用数学</td></tr>
<tr><td>学习情境</td><td>工程技术中的最值、曲率、误差估计问题</td><td>学时</td><td>26</td></tr>
<tr><td>作业方式</td><td colspan="3">每人完成</td></tr>
<tr><td>1</td><td colspan="3">求下列函数的导数 y'.
(1) $y=2x^3-5x^2+3x-1$；(2) $y=x^2\ln x$；
(3) $y=\sqrt{x+\sqrt{x}}$；(4) $y=\ln\tan\frac{x^2}{2}$；
(5) $y=x^{\sin x}$；(6) $f(x)=\frac{3}{4-x}+\frac{x^2}{5}$，求 $f'(0)$.</td></tr>
<tr><td colspan="4">作业解答</td></tr>
</table>

<table>
<tr><td rowspan="4">作业评价</td><td>班级</td><td></td><td>第　组</td><td>组长签名</td><td colspan="2"></td></tr>
<tr><td>学号</td><td></td><td>姓名</td><td colspan="3"></td></tr>
<tr><td>教师签字</td><td></td><td>教师评分</td><td></td><td>日期</td><td></td></tr>
<tr><td colspan="6">评语</td></tr>
</table>

作 业 单

<table>
<tr><td>学习领域</td><td colspan="5">土木工程应用数学</td></tr>
<tr><td>学习情境</td><td colspan="3">工程技术中的最值、曲率、误差估计问题</td><td>学时</td><td>26</td></tr>
<tr><td>作业方式</td><td colspan="5">每人完成</td></tr>
<tr><td>2</td><td colspan="5">求曲线 $y=\frac{1}{x}$ 在点 $M\left(\frac{1}{2},2\right)$ 处的切线与法线方程.</td></tr>
<tr><td colspan="6">作业解答</td></tr>
<tr><td>3</td><td colspan="5">求曲线 $y=\cos x$ 在点 $M\left(\frac{\pi}{3},\frac{1}{2}\right)$ 处的切线与法线方程.</td></tr>
<tr><td colspan="6">作业解答</td></tr>
<tr><td rowspan="4">作业评价</td><td>班级</td><td></td><td>第　组</td><td>组长签名</td><td></td></tr>
<tr><td>学号</td><td></td><td>姓名</td><td colspan="2"></td></tr>
<tr><td>教师签字</td><td></td><td>教师评分</td><td></td><td>日期</td></tr>
<tr><td colspan="5">评语</td></tr>
</table>

作　业　单

<table>
<tr><td>学习领域</td><td colspan="3">土木工程应用数学</td></tr>
<tr><td>学习情境</td><td>工程技术中的最值、曲率、误差估计问题</td><td>学时</td><td>26</td></tr>
<tr><td>作业方式</td><td colspan="3">每人完成</td></tr>
<tr><td>4</td><td colspan="3">求星形线 $x^{\frac{2}{3}}+y^{\frac{2}{3}}=1$ 在点 $M_0(\frac{\sqrt{2}}{4},\frac{\sqrt{2}}{4})$ 处的切线与法线方程．</td></tr>
<tr><td colspan="4">作业解答</td></tr>
<tr><td>5</td><td colspan="3">求曲线 $\begin{cases} x=\dfrac{3t}{1+t^2} \\ y=\dfrac{3t^2}{1+t^2} \end{cases}$ 上对应于 $t=2$ 点处的切线与法线方程．</td></tr>
<tr><td colspan="4">作业解答</td></tr>
</table>

<table>
<tr><td rowspan="4">作业评价</td><td>班级</td><td></td><td>第　组</td><td>组长签名</td><td colspan="2"></td></tr>
<tr><td>学号</td><td></td><td>姓名</td><td colspan="3"></td></tr>
<tr><td>教师签字</td><td></td><td>教师评分</td><td></td><td>日期</td><td></td></tr>
<tr><td colspan="6">评语</td></tr>
</table>

作 业 单

<table>
<tr><td>学习领域</td><td colspan="5">土木工程应用数学</td></tr>
<tr><td>学习情境</td><td colspan="3">工程技术中的最值、曲率、误差估计问题</td><td>学时</td><td>26</td></tr>
<tr><td>作业方式</td><td colspan="5">每人完成</td></tr>
<tr><td>6</td><td colspan="5">利用微分求 sin 31°的近似值.</td></tr>
<tr><td colspan="6">作业解答</td></tr>
<tr><td>7</td><td colspan="5">某一边长为 2cm 的立方体金属块,当金属均匀受热后,边长增加了 0.001cm,问该金属体积 V 的绝对误差 $|\Delta V|$ 及相对误差 $\left|\frac{\Delta V}{V}\right|$.</td></tr>
<tr><td colspan="6">作业解答</td></tr>
<tr><td rowspan="4">作业评价</td><td>班级</td><td></td><td>第 组</td><td>组长签名</td><td></td></tr>
<tr><td>学号</td><td></td><td>姓名</td><td colspan="2"></td></tr>
<tr><td>教师签字</td><td></td><td>教师评分</td><td></td><td>日期</td></tr>
<tr><td colspan="5">评语</td></tr>
</table>

作　业　单

<table>
<tr><td>学习领域</td><td colspan="5">土木工程应用数学</td></tr>
<tr><td>学习情境</td><td colspan="3">工程技术中的最值、曲率、误差估计问题</td><td>学时</td><td>26</td></tr>
<tr><td>作业方式</td><td colspan="5">每人完成</td></tr>
<tr><td>8</td><td colspan="5">求函数 $y=x-3(x-1)^{\frac{2}{3}}$ 的单调区间和极值.</td></tr>
<tr><td colspan="6">作业解答</td></tr>
<tr><td>9</td><td colspan="5">求曲线 $y=(x-2)^{\frac{5}{3}}$ 的凹凸区间和拐点.</td></tr>
<tr><td colspan="6">作业解答</td></tr>
<tr><td rowspan="4">作业评价</td><td>班级</td><td></td><td>第　组</td><td>组长签名</td><td></td></tr>
<tr><td>学号</td><td></td><td>姓名</td><td colspan="2"></td></tr>
<tr><td>教师签字</td><td></td><td>教师评分</td><td></td><td>日期</td></tr>
<tr><td colspan="5">评语</td></tr>
</table>

作 业 单

<table>
<tr><td>学习领域</td><td colspan="5">土木工程应用数学</td></tr>
<tr><td>学习情境</td><td colspan="3">工程技术中的最值、曲率、误差估计问题</td><td>学时</td><td>26</td></tr>
<tr><td>作业方式</td><td colspan="5">每人完成</td></tr>
<tr><td>10</td><td colspan="5">已知光照的亮度与光线投射角 θ 的余弦成正比，与光源距离 $|AB|$ 的平方成反比．现欲在一半径为 R 的圆形广场的中心挂一盏灯，问要挂多高，才能将广场周边的道路照得最亮？</td></tr>
<tr><td colspan="6">作业解答</td></tr>
<tr><td rowspan="4">作业评价</td><td>班级</td><td></td><td>第　组</td><td>组长签名</td><td></td></tr>
<tr><td>学号</td><td></td><td>姓名</td><td colspan="2"></td></tr>
<tr><td>教师签字</td><td></td><td>教师评分</td><td></td><td>日期</td></tr>
<tr><td colspan="5">评语</td></tr>
</table>

作 业 单

<table>
<tr><td>学习领域</td><td colspan="5">土木工程应用数学</td></tr>
<tr><td>学习情境</td><td colspan="3">工程技术中的最值、曲率、误差估计问题</td><td>学时</td><td>26</td></tr>
<tr><td>作业方式</td><td colspan="5">每人完成</td></tr>
<tr><td>11</td><td colspan="5">某单位食堂要靠墙壁盖一间长方形的小库房，现有的砖只够砌 20m 长的墙壁，问应围成怎样的长方形，才能使这间小库房的面积最大？</td></tr>
<tr><td colspan="6">作业解答</td></tr>
<tr><td>12</td><td colspan="5">一汽车厂家正在测试新开发的汽车发动机的效率，发动机的效率 $p(\%)$ 与汽车的速度 v（单位：km/h）之间的关系为 $p=0.76v-0.00004v^3$. 问发动机的最大效率是多少？</td></tr>
<tr><td colspan="6">作业解答</td></tr>
<tr><td rowspan="4">作业评价</td><td>班级</td><td></td><td>第　组</td><td>组长签名</td><td></td></tr>
<tr><td>学号</td><td></td><td>姓名</td><td colspan="2"></td></tr>
<tr><td>教师签字</td><td></td><td>教师评分</td><td></td><td>日期</td></tr>
<tr><td colspan="5">评语</td></tr>
</table>

作　业　单

学习领域	土木工程应用数学		
学习情境	工程技术中的最值、曲率、误差估计问题	学时	26
作业方式	每人完成		
13	一火车轨道在拐弯处采用半立方抛物线 $4y^2=x^3(y>0)$ 形状铺设，问当火车在该轨道上行驶，到达距纵轴（通过开始拐弯的一点而垂直于原来的方向线的直线）1km 处时，它的曲率是多少？距纵轴 4km 处的曲率又是多少？		

作业解答

作业评价	班级		第　组	组长签名		
	学号		姓名			
	教师签字		教师评分		日期	
	评语					

作 业 单

学习领域	土木工程应用数学		
学习情境	工程技术中的最值、曲率、误差估计问题	学时	26
作业方式	每人完成		
14	一辆载重为3t的汽车以36km/h的速度匀速经过一桥．设桥面形状为抛物线$y=\frac{4f}{l^2}x(l-x)$，其中桥的跨度为$l=32\text{m}$，桥的矢高为$f=1\text{m}$，求汽车越过桥顶时对桥的压力．（注意：沿曲线运动的物体对所受的向心力为$\boldsymbol{F}=\frac{mv^2}{\rho}$，其中$m$为物体的质量，$v$为它的运动速度，$\rho$为物体运动轨迹的曲率半径）		

作业解答

作业评价	班级		第　组	组长签名		
	学号		姓名			
	教师签字		教师评分		日期	
	评语					

检 查 单

<table>
<tr><td>学习领域</td><td colspan="6">土木工程应用数学</td></tr>
<tr><td>学习情境</td><td colspan="4">工程技术中的最值、曲率、误差估计问题</td><td>学时</td><td>26</td></tr>
<tr><td>序号</td><td colspan="2">检查项目</td><td colspan="2">检查标准</td><td>学生自检</td><td>教师检查</td></tr>
<tr><td>1</td><td colspan="2">导数的概念</td><td colspan="2">概念理解正确</td><td></td><td></td></tr>
<tr><td>2</td><td colspan="2">导数的运算</td><td colspan="2">公式法则运用正确</td><td></td><td></td></tr>
<tr><td>3</td><td colspan="2">曲线的切线与法线求法</td><td colspan="2">书写规范，计算准确</td><td></td><td></td></tr>
<tr><td>4</td><td colspan="2">微分的概念</td><td colspan="2">概念理解正确</td><td></td><td></td></tr>
<tr><td>5</td><td colspan="2">微分的近似计算</td><td colspan="2">公式运用正确、计算准确</td><td></td><td></td></tr>
<tr><td>6</td><td colspan="2">最值的确定</td><td colspan="2">书写规范，计算准确</td><td></td><td></td></tr>
<tr><td>7</td><td colspan="2">曲率的计算</td><td colspan="2">书写规范，计算准确</td><td></td><td></td></tr>
<tr><td></td><td colspan="2"></td><td colspan="2"></td><td></td><td></td></tr>
<tr><td></td><td colspan="2"></td><td colspan="2"></td><td></td><td></td></tr>
<tr><td></td><td colspan="2"></td><td colspan="2"></td><td></td><td></td></tr>
<tr><td rowspan="3">检查评价</td><td>班级</td><td colspan="2"></td><td>第　组</td><td>组长签名</td><td></td></tr>
<tr><td>教师签字</td><td colspan="3"></td><td>日期</td><td></td></tr>
<tr><td colspan="6">评语</td></tr>
</table>

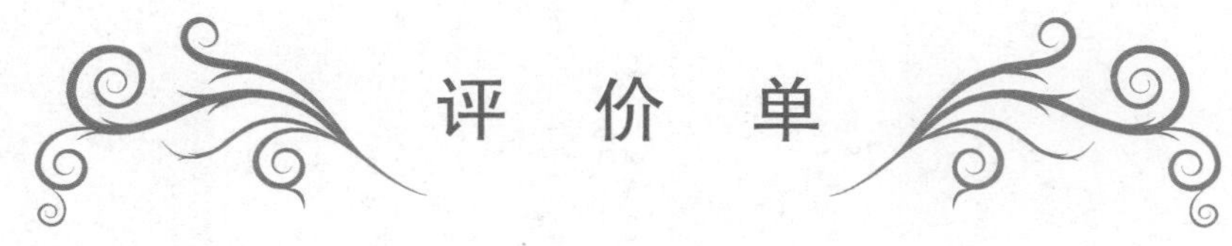

评 价 单

<table>
<tr><td>学习领域</td><td colspan="5">土木工程应用数学</td></tr>
<tr><td>学习情境</td><td colspan="2">工程技术中的最值、曲率、误差估计问题</td><td>学时</td><td colspan="2">26</td></tr>
<tr><td>评价类别</td><td>项目</td><td>子项目</td><td>个人评价</td><td>组内评价</td><td>教师评价</td></tr>
<tr><td rowspan="10">专业能力
60%</td><td rowspan="3">资讯 18%</td><td>搜集资讯 4%</td><td></td><td></td><td></td></tr>
<tr><td>信息学习 10%</td><td></td><td></td><td></td></tr>
<tr><td>引导问题回答 4%</td><td></td><td></td><td></td></tr>
<tr><td>实施 11%</td><td>学习步骤执行 11%</td><td></td><td></td><td></td></tr>
<tr><td rowspan="2">检查 9%</td><td>绘制图形 4%</td><td></td><td></td><td></td></tr>
<tr><td>计算准确 5%</td><td></td><td></td><td></td></tr>
<tr><td rowspan="2">过程 10%</td><td>公式使用准确 5%</td><td></td><td></td><td></td></tr>
<tr><td>书写规范 5%</td><td></td><td></td><td></td></tr>
<tr><td>结果 5%</td><td>结果正确 5%</td><td></td><td></td><td></td></tr>
<tr><td>作业 7%</td><td>完成质量 7%</td><td></td><td></td><td></td></tr>
<tr><td rowspan="2">社会能力
20%</td><td>团结协作 10%</td><td>小组配合 10%</td><td></td><td></td><td></td></tr>
<tr><td>敬业精神 10%</td><td>学习纪律性 10%</td><td></td><td></td><td></td></tr>
<tr><td rowspan="2">方法能力
20%</td><td>计划能力 10%</td><td></td><td></td><td></td><td></td></tr>
<tr><td>决策能力 10%</td><td></td><td></td><td></td><td></td></tr>
</table>

<table>
<tr><td rowspan="3">评价评语</td><td>班级</td><td></td><td>姓名</td><td></td><td>学号</td><td></td><td>总评</td><td></td></tr>
<tr><td>教师
签字</td><td></td><td>第　组</td><td></td><td>组长
签字</td><td></td><td>日期</td><td></td></tr>
<tr><td colspan="8">评语</td></tr>
</table>

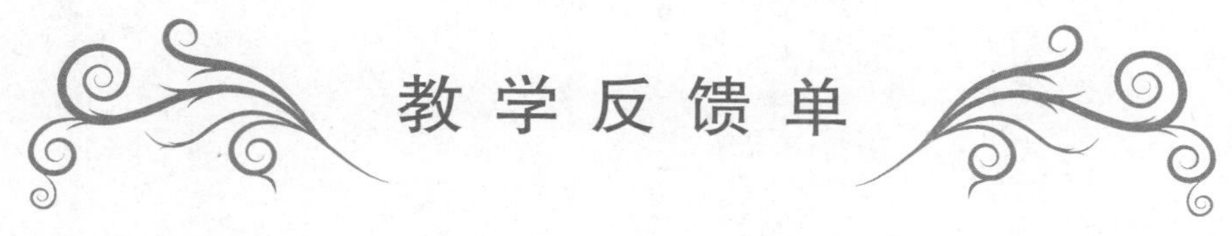

教学反馈单

<table>
<tr><td>学习领域</td><td colspan="4">土木工程应用数学</td></tr>
<tr><td>学习情境</td><td>工程技术中的最值、曲率、误差估计问题</td><td>学时</td><td colspan="2">26</td></tr>
<tr><td>序号</td><td>调 查 内 容</td><td>是</td><td>否</td><td>理由陈述</td></tr>
<tr><td>1</td><td>是否了解导数的概念及几何意义?</td><td></td><td></td><td></td></tr>
<tr><td>2</td><td>是否会求曲线的切线与法线?</td><td></td><td></td><td></td></tr>
<tr><td>3</td><td>是否熟练掌握基本初等函数的求导公式及函数的求导法则?</td><td></td><td></td><td></td></tr>
<tr><td>4</td><td>是否了解微分的概念?</td><td></td><td></td><td></td></tr>
<tr><td>5</td><td>是否能运用微分的概念及公式进行微分运算及近似计算?</td><td></td><td></td><td></td></tr>
<tr><td>6</td><td>是否能利用导数的知识判断函数的单调性、极值凹凸区间、拐点?</td><td></td><td></td><td></td></tr>
<tr><td>7</td><td>是否能利用导数的知识解决工程技术中的最值问题吗?</td><td></td><td></td><td></td></tr>
<tr><td>8</td><td>是否了解曲率公式并会用公式求曲线的曲率?</td><td></td><td></td><td></td></tr>
<tr><td>9</td><td>你对情境 2 的学习方式满意吗?</td><td></td><td></td><td></td></tr>
<tr><td>10</td><td>你对本学习小组内的同学间相互配合满意吗?</td><td></td><td></td><td></td></tr>
<tr><td colspan="5">你对当前采用的教学方式方法还有什么意见与建议,欢迎提出来,我们将非常感谢.</td></tr>
</table>

<table>
<tr><td>调查信息</td><td>被调查人签名</td><td></td><td>调查时间</td><td></td></tr>
</table>

学习情境 3

土木工程中不规则几何图形的面积、体积等问题计算

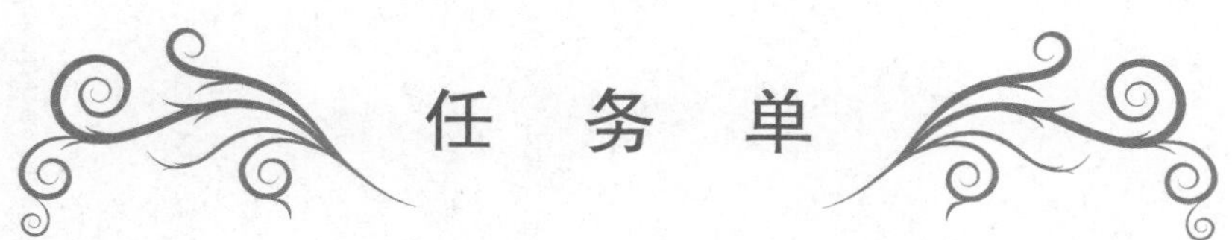

任　务　单

<table>
<tr><td>学习领域</td><td colspan="4">土木工程应用数学</td></tr>
<tr><td>学习情境</td><td colspan="2">土木工程中不规则几何图形的面积、体积等问题计算</td><td>学时</td><td>28</td></tr>
<tr><td colspan="5">布 置 任 务</td></tr>
<tr><td>学习目标</td><td colspan="4">1. 理解原函数与不定积分的概念及性质.
2. 熟练掌握不定积分的基本公式.
3. 掌握不定积分的基本积分法.
4. 理解定积分的定义、性质、几何意义.
5. 熟练掌握牛顿—莱布尼茨公式.
6. 能熟练的运用定积分求土木工程专业中的不规则几何图形的面积、体积及变力做功等问题.
7. 会求曲线的弧长.</td></tr>
<tr><td>任务阐述</td><td colspan="4">1. 通过对积分概念的学习,理解积分的定义、性质及几何意义.
2. 通过各类积分的计算,掌握不定积分的基本公式及基本积分方法.
3. 通过牛顿—莱布尼茨公式掌握定积分的计算.
4. 通过定积分的学习,熟练掌握土木工程专业中的不规则几何图形的面积、体积及变力做功、曲线的弧长等问题的解决方法.</td></tr>
<tr><td rowspan="2">学习安排</td><td>资讯</td><td>实施</td><td>检查</td><td>评价</td></tr>
<tr><td>10 学时</td><td>15 学时</td><td>2 学时</td><td>1 学时</td></tr>
<tr><td>学习参考资料</td><td colspan="4">1. 梁弘主编《高等数学基础》.
2. 侯兰茹主编《高等数学》.
3. 同济大学主编《高等数学》.
4. 侯风波主编《应用数学》.</td></tr>
<tr><td>对学生的要求</td><td colspan="4">1. 学习态度端正,积极主动参与小组学习,主动练习.
2. 理解积分的基本概念,能熟练掌握基本的积分计算,并能运用积分的知识解决土木工程专业中不规则几何图形的面积、体积及变力做功、曲线的弧长等问题.
3. 认真查找相关资料,解决学习中出现的问题,以小组的形式完成任务.
4. 认真完成作业,并将作业列入考核成绩中.</td></tr>
</table>

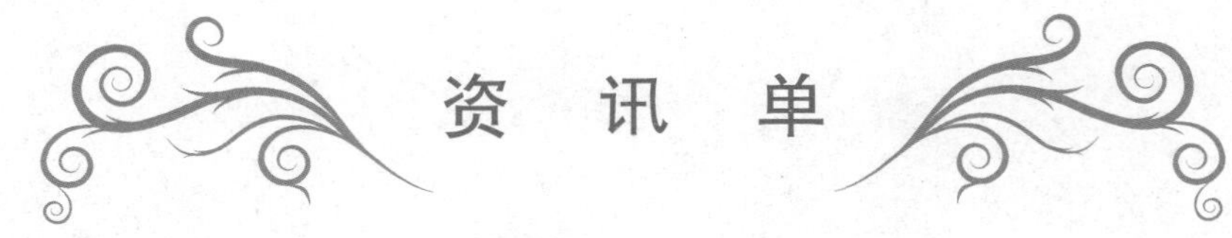

资 讯 单

学习领域	土木工程应用数学		
学习情境	土木工程专业中不规则几何图形的面积、体积等问题计算	学时	28
资讯方式	学生根据教师给出的资讯引导及讲解进行解答		
资讯问题	1. 原函数的定义及几何意义 .		
	2. 不定积分的定义及微分与积分的关系 .		
	3. 积分的基本公式有哪些？		
	4. 不定积分的积分方法有哪些？		
	5. 定积分的定义、几何意义及性质。		
	6. 牛顿—莱布尼茨公式是什么？		
	7. 如何利用积分解决实际问题中的面积、体积、变力做功等问题？选择积分变量时要注意些什么？		
	8. 曲线弧长的计算公式是什么？如何求曲线的弧长？		
资讯引导	1. 侯兰茹主编《高等数学》. 2. 梁弘主编《高等数学基础》. 3. 同济大学主编《高等数学》. 4. 侯风波主编《高等数学基础》.		

3.1　不定积分的基本概念

3.1.1　原函数的概念

1. 原函数的定义

如果在区间 I 上,可导函数 $F(x)$ 的导函数为 $f(x)$,即

$$F'(x)=f(x) \text{ 或 } \mathrm{d}F(x)=f(x)\mathrm{d}x \quad (x\in I)$$

那么函数 $F(x)$ 就称为 $f(x)$ 在区间 I 上的**原函数**.

2. 原函数存在定理

如果函数 $f(x)$ 在某区间内连续,则函数 $f(x)$ 在该区间内必存在原函数.

3.1.2　不定积分的定义

设 $F(x)$ 是 $f(x)$ 在某区间上的一个原函数,则函数 $f(x)$ 在这一区间上的全体原函数 $F(x+C)$(C 为任意常数)称为 $f(x)$ 在这一区间上的**不定积分**. 记作 $\int f(x)\mathrm{d}x$,即

$$\int f(x)\mathrm{d}x=F(x)+C.$$

其中记号“$\int$”为**积分号**,$f(x)$ 为**被积函数**,$f(x)\mathrm{d}x$ 为**被积表达式**,x 为**积分变量**,C 为**积分常数**.

3.1.3　不定积分的性质

(1) $\left[\int f(x)\mathrm{d}x\right]'=f(x)$ 或 $\mathrm{d}\left[\int f(x)\mathrm{d}x\right]=f(x)\mathrm{d}x$;

(2) $\int f'(x)\mathrm{d}x=f(x)+C$ 或 $\int \mathrm{d}f(x)=f(x)+C$.

案例 3.1

已知 $\left[\int f(x)\mathrm{d}x\right]'=\sqrt{1+x^2}$,求 $f'(1)$.

【案例解答】

解:由不定积分的性质可知　$\left[\int f(x)\mathrm{d}x\right]'=f(x)$,于是 $f(x)=\sqrt{1+x^2}$,

则　$f'(x)=\dfrac{x}{\sqrt{1+x^2}}$,　所以 $f'(1)=\dfrac{1}{\sqrt{1+1^2}}=\dfrac{\sqrt{2}}{2}$.

3.2　不定积分的运算

3.2.1　基本积分公式表

1. $\int 0\mathrm{d}x=C$;

2. $\int x^{\alpha}\mathrm{d}x=\dfrac{x^{\alpha+1}}{\alpha+1}+C\ (\alpha\neq-1)$;

3. $\int \dfrac{1}{x}\mathrm{d}x=\ln|x|+C$;

4. $\int a^x\mathrm{d}x=\dfrac{a^x}{\ln a}+C\ (a>0 \text{ 且 } a\neq 1)$;

5. $\int \mathrm{e}^x\mathrm{d}x=\mathrm{e}^x+C$;

6. $\int \sin x\mathrm{d}x=-\cos x+C$;

7. $\int \cos x\mathrm{d}x=\sin x+C$;

8. $\int \tan x\mathrm{d}x=-\ln|\cos x|+C$;

9. $\int \cot x\mathrm{d}x=\ln|\sin x|+C$;

10. $\int \dfrac{1}{\cos^2 x}\mathrm{d}x=\int \sec^2 x\mathrm{d}x=\tan x+C$;

11. $\int \dfrac{1}{\sin^2 x}\mathrm{d}x=\int \csc^2 x\mathrm{d}x=-\cot x+C$;

12. $\int \sec x\mathrm{d}x=\ln|\sec x+\tan x|+C$;

13. $\int \csc x\mathrm{d}x=\ln|\csc x-\cot x|+C$;

14. $\int \frac{1}{\sqrt{1-x^2}}dx = \arcsin x + C$（或$= -\arccos x + C$）；

15. $\int \frac{1}{1+x^2}dx = \arctan x + C$（或$= -\text{arccot}x + C$）；

16. $\int \frac{1}{\sqrt{x^2+a^2}}dx = \ln(x+\sqrt{x^2+a^2}) + C$；

17. $\int \frac{1}{\sqrt{x^2-a^2}}dx = \ln\left|x+\sqrt{x^2-a^2}\right| + C$；

18. $\int \frac{1}{\sqrt{a^2-x^2}}dx = \arcsin\frac{x}{a} + C.$

3.2.2 不定积分的运算法则

1. $\int kf(x)dx = k\int f(x)dx$　（k为不等于零的常数）；

2. $\int[f(x) \pm g(x)]dx = \int f(x)dx \pm \int g(x)dx.$

3.3 不定积分的积分方法

3.3.1 直接积分法

通过简单的初等变形可直接利用积分的基本公式及运算法则完成的积分方法，称**直接积分法**.

案例 3.2

计算下列不定积分：

1. $\int x^2(\sqrt{x}-1)dx$；　　2. $\int 3^{2x}e^x dx$；

3. $\int \frac{1}{x^2(1+x^2)}dx$；　　4. $\int \frac{1}{\sin^2 x\cos^2 x}dx.$

【案例解答】

1. **解：**

$$\int x^2(\sqrt{x}-1)dx = \int(x^{\frac{5}{2}} - x^2)dx = \int x^{\frac{5}{2}}dx - \int x^2 dx$$

$$= \frac{1}{\frac{5}{2}+1}x^{\frac{5}{2}+1} - \frac{1}{2+1}x^{2+1} + C = \frac{2}{7}x^{\frac{7}{2}} - \frac{1}{3}x^3 + C.$$

2. **解：**

$$\int 3^{2x}e^x dx = \int(3^2e)^x dx = \frac{(3^2e)^x}{\ln(3^2e)} + C = \frac{3^{2x}e^x}{2\ln3+1} + C.$$

3. **解：**

$$\int \frac{1}{x^2(1+x^2)}dx = \int \frac{1+x^2-x^2}{x^2(1+x^2)}dx = \int\left(\frac{1}{x^2} - \frac{1}{1+x^2}\right)dx = -\frac{1}{x} - \arctan x + C.$$

4. **解：**

$$\int \frac{1}{\sin^2 x\cos^2 x}dx = \int\left(\frac{1}{\sin^2 x} + \frac{1}{\cos^2 x}\right)dx = \tan x - \cot x + C.$$

案例 3.3

【结冰厚度】

已知一鱼塘结冰的速度为$\frac{dy}{dt} = k\sqrt{t}$，其中$y$（单位：cm）是自结冰起到时刻$t$（单位：h）冰的厚度，$k$是常数.求结冰厚度$y$关于时间$t$的函数.

【案例解答】

解：因为$\frac{dy}{dt} = k\sqrt{t}$，所以由不定积分的性质可知

$$y(t) = \int k\sqrt{t}dt = k\int t^{\frac{1}{2}}dt = \frac{2}{3}kt^{\frac{3}{2}} + C$$

由于 $t=0$ 时鱼塘开始结冰,此时冰的厚度为0,即有 $y(0)=0$,代入上式,得 $C=0$,则 $y(t)=\frac{2}{3}kt^{\frac{3}{2}}$. 所以结冰厚度 y 关于时间 t 的函数为 $y(t)=\frac{2}{3}kt^{\frac{3}{2}}$.

案例 3.4

【列车何时制动】

列车快进站时必须减速. 若列车减速后的速度为 $v(t)=1-\frac{1}{3}t$(单位:km/min),问列车应在离站台多远的地方开始减速?

解:列车减速后的速度为 $v(t)=1-\frac{1}{3}t$,当 $v=0$ 时停下,解得 $t=3$min. 由速度与路程的关系 $v(t)=s'(t)$ 可知 $s(t)$ 满足 $s'(t)=v(t)=1-\frac{1}{3}t$,且 $s(0)=0$

于是
$$s(t)=\int v(t)\mathrm{d}t=\int\left(1-\frac{1}{3}t\right)\mathrm{d}t=t-\frac{1}{6}t^2+C$$

将 $s(0)=0$ 代入上式 得 $C=0$. 则当 $t=3$min 时,$s=1.5$km.

于是当时间 $t=3$min 时,列车行驶 $s(3)=1.5$km.

答:列车应在离站台1.5km的地方开始减速.

3.3.2 第一换元积分法(凑微分法)

定理1 第一换元积分法:

若 $\int f(x)\mathrm{d}x=F(x)+C$,且 $u=\varphi(x)$ 有连续的导数,则有换元积分公式

$$\int f[\varphi(x)]\varphi'(x)\mathrm{d}x=\int f[\varphi(x)]\mathrm{d}\varphi(x)=F[\varphi(x)]+C$$

第一换元积分法又称**凑微分法**,即将 $\varphi'(x)\mathrm{d}x$ 凑成 $\mathrm{d}\varphi(x)$,于是整个积分变量由 x 换成了 $\varphi(x)$. 具体公式如下:

$$\int f[\varphi(x)]\varphi'(x)\mathrm{d}x\xlongequal{\text{凑微分}}\int f[\varphi(x)]\mathrm{d}\varphi(x)\xlongequal{\text{变量替换}}\int f(u)\mathrm{d}u=F(u)+C\xlongequal{\text{变量回代}}F[\varphi(x)]+C$$

案例 3.5

计算下列不定积分:

1. $\int(x-5)^{10}\mathrm{d}x$; 2. $\int\frac{\ln^2x}{x}\mathrm{d}x$; 3. $\int\frac{1}{x(1+\ln^2x)}\mathrm{d}x$;

4. $\int\frac{\sin\sqrt{x}}{\sqrt{x}}\mathrm{d}x$; 5. $\int x(x-3)^5\mathrm{d}x$; 6. $\int\sin2x\mathrm{d}x$;

7. $\int\frac{\mathrm{e}^x}{\sqrt{1-\mathrm{e}^{2x}}}\mathrm{d}x$.

【案例解答】

1. **解:**将 $\mathrm{d}x$ 凑成 $\mathrm{d}(x-5)$,则

$$\int(x-5)^{10}\mathrm{d}x=\int(x-5)^{10}\mathrm{d}(x-5)\xlongequal[x-5=u]{\text{替换}}\int u^{10}\mathrm{d}u=\frac{1}{11}u^{11}+C\xlongequal[u=x-5]{\text{还原}}\frac{1}{11}(x-5)^{11}+C.$$

2. **解:** $\int\frac{\ln^2x}{x}\mathrm{d}x=\int(\ln^2x)(\ln x)'\mathrm{d}x=\int\ln^2x\mathrm{d}\ln x=\frac{1}{3}\ln^3x+C.$

3. **解:** $\int\frac{1}{x(1+\ln^2x)}\mathrm{d}x=\int\frac{1}{1+\ln^2x}\mathrm{d}\ln x=\arctan\ln x+C.$

4. **解:** $\int\frac{\sin\sqrt{x}}{\sqrt{x}}\mathrm{d}x=\int(\sin\sqrt{x})\left(\frac{1}{\sqrt{x}}\mathrm{d}x\right)=\int2\sin\sqrt{x}\mathrm{d}\sqrt{x}=-2\cos\sqrt{x}+C.$

5. **解:** $\int x(x-3)^5\mathrm{d}x=\int(x-3+3)(x-3)^5\mathrm{d}x=\int[(x-3)^6+3(x-3)^5]\mathrm{d}(x-3)$

$$= \frac{1}{7}(x-3)^7 + \frac{1}{2}(x-3)^6 + C.$$

6. **解 1**：$\int \sin 2x \mathrm{d}x = \int \sin 2x \mathrm{d}2x\left(\frac{1}{2}\right) = -\frac{1}{2}\cos 2x + C.$

解 2：$\int \sin 2x \mathrm{d}x = \int 2\sin x\cos x \mathrm{d}x = \int 2\sin x \mathrm{d}\sin x = \sin^2 x + C.$

解 3：$\int \sin 2x \mathrm{d}x = -\int 2\cos x \mathrm{d}\cos x = -\cos^2 x + C.$

7. **解**：$\int \frac{\mathrm{e}^x}{\sqrt{1-\mathrm{e}^{2x}}}\mathrm{d}x = \int \frac{1}{\sqrt{1-(\mathrm{e}^x)^2}}\mathrm{d}\mathrm{e}^x = \arcsin \mathrm{e}^x + C.$

常用的凑微分公式：

1. $\int f(ax+b)\mathrm{d}x = \frac{1}{a}\int f(ax+b)\mathrm{d}(ax+b)$；

2. $\int f(ax^k+b)x^{k-1}\mathrm{d}x = \int \frac{1}{ka}f(ax^k+b)\mathrm{d}(ax^k+b)$；

3. $\int f(\sqrt{x})\frac{1}{\sqrt{x}}\mathrm{d}x = 2\int f(\sqrt{x})\mathrm{d}\sqrt{x}$；

4. $\int f(\frac{1}{x})\frac{1}{x^2}\mathrm{d}x = -\int f(\frac{1}{x})\mathrm{d}(\frac{1}{x})$；

5. $\int f(\mathrm{e}^x)\mathrm{e}^x\mathrm{d}x = \int f(\mathrm{e}^x)\mathrm{d}\mathrm{e}^x$；

6. $\int f(\ln x)\frac{1}{x}\mathrm{d}x = \int f(\ln x)\mathrm{d}(\ln x)$；

7. $\int f(\sin x)\cos x\mathrm{d}x = \int f(\sin x)\mathrm{d}(\sin x)$；

8. $\int f(\cos x)\sin x\mathrm{d}x = -\int f(\cos x)\mathrm{d}(\cos x)$；

9. $\int f(\tan x)\frac{1}{\cos^2 x}\mathrm{d}x = \int f(\tan x)\mathrm{d}(\tan x)$；

10. $\int f(\cot x)\frac{1}{\sin^2 x}\mathrm{d}x = -\int f(\cot x)\mathrm{d}(\cot x)$；

11. $\int f(\arcsin x)\frac{1}{\sqrt{1-x^2}}\mathrm{d}x = \int f(\arcsin x)\mathrm{d}(\arcsin x)$；

12. $\int f(\arccos x)\frac{1}{\sqrt{1-x^2}}\mathrm{d}x = -\int f(\arccos x)\mathrm{d}(\arccos x)$；

13. $\int f(\arctan x)\frac{1}{1+x^2}\mathrm{d}x = \int f(\arctan x)\mathrm{d}(\arctan x)$；

14. $\int f(\mathrm{arccot}\, x)\frac{1}{1+x^2}\mathrm{d}x = -\int f(\mathrm{arccot}\, x)\mathrm{d}(\mathrm{arccot}\, x)$.

3.3.3 第二换元积分法

定理 2 第二换元积分法

设函数 $x=\varphi(t)$ 严格单调、可导，且 $\varphi'(t)\neq 0$，若 $\int f[\varphi(t)]\varphi'(t)\mathrm{d}t$，则有换元公式 $\int f(x)\mathrm{d}x = [\int f[\varphi(t)]\varphi'(t)\mathrm{d}t] = F(t)+C = F[\varphi^{-1}(x)]+C$，(其中 $t=\varphi^{-1}(x)$ 是 $x=\varphi(t)$ 的反函数).

案例 3.6

计算下列不定积分：

1. $\int \frac{\sqrt{x}}{1+\sqrt{x}}\mathrm{d}x$； 2. $\int \frac{\sqrt{x-1}}{x}\mathrm{d}x$.

【案例解答】

1. **解**：为了去掉根式，令 $\sqrt{x}=t$，即 $x=t^2\ (t>0)$，则 $\mathrm{d}x=2t\mathrm{d}t$ 于是

$$\int \frac{\sqrt{x}}{1+\sqrt{x}}\mathrm{d}x=\int \frac{t}{1+t}2t\mathrm{d}t=2\int \frac{t^2}{1+t}\mathrm{d}t=2\int \frac{1-(1-t^2)}{1+t}\mathrm{d}t=2\left[\int\left[\frac{1}{1+t}-(1-t)\right]\mathrm{d}t\right.$$

$$=2\left[\ln(1+t)-t+\frac{1}{2}t^2\right]+C=2\ln(1+t)-2t+t^2+C.$$

将 $t=\sqrt{x}$ 代回上式得 $\int \frac{\sqrt{x}}{1+\sqrt{x}}\mathrm{d}x=2\ln(1+\sqrt{x})-2\sqrt{x}+x+C.$

2. **解**：令 $\sqrt{x-1}=t$，即 $x=t^2+1\ (t>0)$，则 $\mathrm{d}x=2t\mathrm{d}t$ 于是

$$\int \frac{\sqrt{x-1}}{x}\mathrm{d}x=\int \frac{t}{1+t^2}2t\mathrm{d}t=2\int\left(1-\frac{1}{1+t^2}\right)\mathrm{d}t=2(t-\arctan t)+C \xlongequal{\text{回代 } t=\sqrt{x-1}} 2\left(\sqrt{x-1}\right.$$

$$\left.-\arctan\sqrt{x-1}\right)+C.$$

注意：第二换元积分法主要用于无理式的积分，如当被积函数为 $\sqrt[n]{ax+b}$、$\sqrt{a^2-x^2}$、$\sqrt{a^2+x^2}$、$\sqrt{x^2-a^2}$ 型时，一般采用第二换元积分法．代换方法如下：

$\sqrt[n]{ax+b}$ 型使用 $\sqrt[n]{ax+b}=t$ 代换；

$\sqrt{a^2-x^2}$ 型使用三角代换，可令 $x=a\sin t$（或 $x=a\cos t$），如图3－1所示；

$\sqrt{a^2+x^2}$ 型使用三角代换，可令 $x=a\tan t$（或 $x=a\cot t$），如图3－2所示；

$\sqrt{x^2-a^2}$ 型使用三角代换，可令 $x=a\sec x$（或 $x=a\csc t$），如图3－3所示．

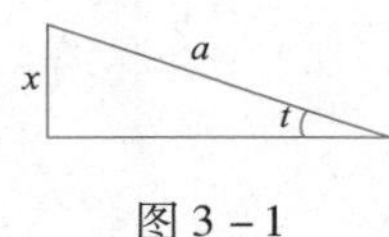

图3－1

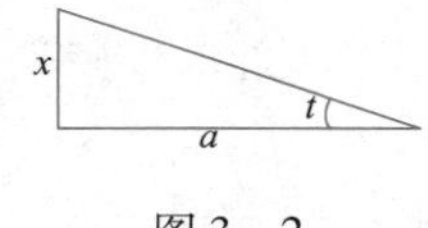

图3－2

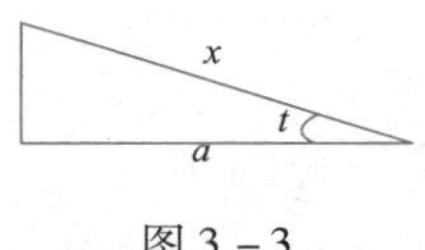

图3－3

3.3.4 分部积分法

设函数 $u=u(x)$，$v=v(x)$ 具有连续的导数 u' 及 v'．则由微分的运算

$$\mathrm{d}uv=u\mathrm{d}v+v\mathrm{d}u\text{，即}\int u\mathrm{d}v=uv-\int v\mathrm{d}u$$

两边积分得分部积分公式

$$\int u\mathrm{d}v=uv-\int v\mathrm{d}u\ \left(\text{或}\int uv'\mathrm{d}x=uv-\int vu'\mathrm{d}x\right).$$

案例3.7

计算下列不定积分：

1. $\int x\sin x\mathrm{d}x$； 2. $\int x\mathrm{e}^x\mathrm{d}x$； 3. $\int x\arctan x\mathrm{d}x$.

【案例解答】

1. **解**：$\int x\sin x\mathrm{d}x=-\int x\mathrm{d}\cos x=-\left(x\cos x-\int\cos x\mathrm{d}x\right)=-x\cos x+\sin x+C.$

2. **解**：$\int x\mathrm{e}^x\mathrm{d}x=\int x\mathrm{d}\mathrm{e}^x=x\mathrm{e}^x-\int \mathrm{e}^x\mathrm{d}x=x\mathrm{e}^x-\mathrm{e}^x+C.$

3. **解**：$\int x\arctan x\mathrm{d}x=\int\arctan x\mathrm{d}\left(\frac{1}{2}x^2\right)=\frac{1}{2}x^2\arctan x-\frac{1}{2}\int x^2\mathrm{d}\arctan x$

$$= \frac{1}{2}x^2\arctan x - \frac{1}{2}\int\frac{x^2}{1+x^2}dx = \frac{1}{2}x^2\arctan x - \frac{1}{2}\int(1-\frac{1}{1+x^2})dx$$

$$= \frac{1}{2}x^2\arctan x - \frac{1}{2}(x-\arctan x) + C = \frac{1}{2}(x^2\arctan x - x + \arctan x) + C.$$

3.4 定积分的基本概念

3.4.1 引例

求由连续曲线 $y=f(x)$ 及直线 $x=a$, $x=b$, $y=0$ 围成的曲边梯形的面积 A.

【案例分析】

将曲边梯形分割成若干个小曲边梯形,非常小的曲边梯形完全可借助矩形面积的计算公式完成其面积近似值的计算. 显然分割得越细,产生的误差也会越小,当无限细分时,其所有小矩形面积之和的极限就是曲边梯形面积的准确值.

解:如图在区间[a,b]中插入 $n-1$ 个分点 $a=x_0<x_1<x_2<\cdots<x_{n-1}<x_n=b$,把[a,b]分成 n 个小区间[x_0,x_1],[x_1,x_2],…,[x_{n-1},x_n]

它们的长度依次为 $\Delta x_1=x_1-x_0,\Delta x_2=x_2-x_1,\cdots,\Delta x_n=x_n-x_{n-1}$

经过每一个分点作平行于 y 轴的直线段,把曲边梯形分成 n 个窄曲边梯形,在每个小区间[x_{i-1},x_i]上任取一点 ξ_i ,以[x_{i-1},x_i]为底、$f(\xi_i)$ 为高的窄边矩形面积近似代替第 i 个小窄边梯形的面积 ($i=1,2,\cdots,n$) ,把这样得到的 n 个窄矩形面积之和作为所求曲边梯形面积 A 的近似值(见图3-4),即

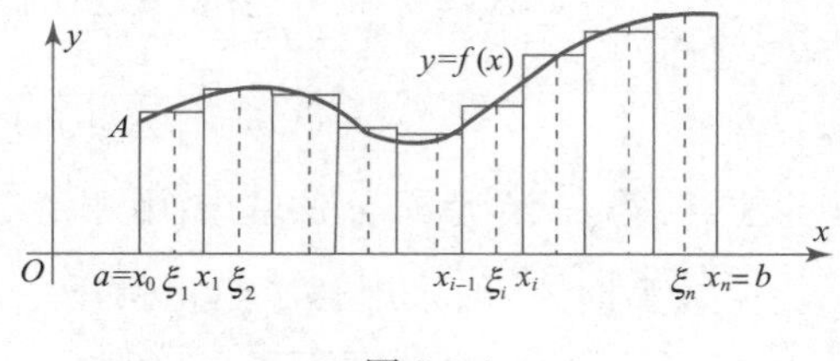

图 3-4

$$A\approx f(\xi_1)\Delta x_1+f(\xi_2)\Delta x_2+\cdots+f(\xi_n)\Delta x_n=\sum_{i=1}^{n}f(\xi_i)\Delta x_i.$$

设 $\lambda=\max\{\Delta x_1,\Delta x_2,\cdots,\Delta x_n\}$,当 $\lambda\to 0$, $n\to\infty$ 时,可得曲边梯形的面积

$$A=\lim_{\lambda\to 0}\sum_{i=1}^{n}f(\xi_i)\Delta x_i.$$

3.4.2 定积分的定义

设函数 $y=f(x)$ 在区间[a,b]上有定义,在[a,b]中任意插入 $n-1$ 个分点

$$a=x_0<x_1<x_2<\cdots<x_{n-1}<x_n=b,$$

把区间[a,b]分成 n 个小区间 [x_{i-1},x_i] ($i=1,2,\cdots,n$) ,小区间的长度为 $\Delta x_i=x_i-x_{i-1}$ ($i=1,2,\cdots,n$) ,在每个小区间[x_{i-1},x_i]上任取一点 ξ_i ($x_{i-1}\leqslant\zeta_i\leqslant x_i$) ,

作乘积 $f(\zeta_i)\Delta x_i(i=1,2,\cdots,n)$ 的和 $S=\sum_{i=1}^{n}f(\zeta_i)\Delta x_i$,记 $\lambda=\max_{1\leqslant i\leqslant n}\{\Delta x_i\}$,

若当 $\lambda\to 0,n\to\infty$ 时,上述和式的极限存在,则称此极限为函数 $f(x)$ 在区间[a,b]上的**定积分**,

记为 $\int_a^b f(x)dx$,即

$$\int_a^b f(x)dx=\lim_{\lambda\to 0}\sum_{i=1}^{n}f(\zeta_i)\Delta x_i .$$

其中 $f(x)$ 称为**被积函数**, $f(x)dx$ 称为**被积表达式**, x 称为**积分变量**, a 称为**积分下限**, b 称为**积分上限**,[a,b]称为**积分区间**.

注意:(1)所谓和式的极限 $\lim_{\lambda\to 0}\sum_{i=1}^{n}f(\zeta_i)\Delta x_i$ 存在,是指其极限值与区间[a,b]的分割及点 ξ_i 的取法无关;

(2)定积分是和式的极限,它是由函数 $f(x)$ 与积分区间[a,b]所确定的,它与积分变量无关,即: $\int_a^b f(x)dx=\int_a^b f(t)dt=\int_a^b f(u)du$;

(3)闭区间$[a,b]$上的连续函数或只有有限个第一类间断点的函数是可积的;

(4)当$b < a$时,$\int_a^b f(x)\mathrm{d}x = -\int_b^a f(x)\mathrm{d}x$;

(5)$\int_a^a f(x)\mathrm{d}x = 0$;

(6)$\int_a^b 1\mathrm{d}x = b - a$.

案例3.8

某一建筑物要求窗户做成一类似四角星的形状(如图3-5),其四条曲边对称,(分别为$y = x^2$,$y = -x^2$,$y = (x-2)^2$,$y = -(x-2)^2$)求此型窗户的(采光)面积(单位:m^2).

【案例分析】

由于窗户做成一对称四角星的型状,所以我们只需求出一角的面积A即可,而这一角我们选择左上角,即由$y = x^2$,$x = 1$,$y = 0$围成的曲边梯形(如图3-6),于是四角星的面积为$S = 4A$.

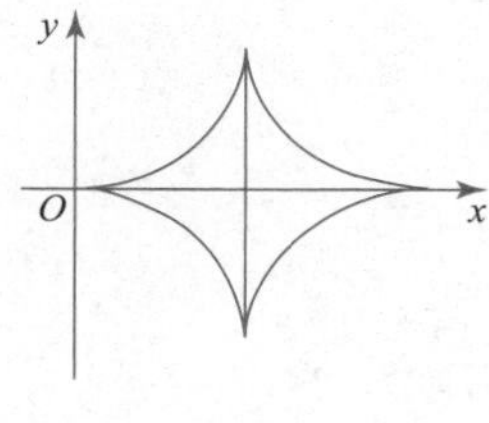

图3-5

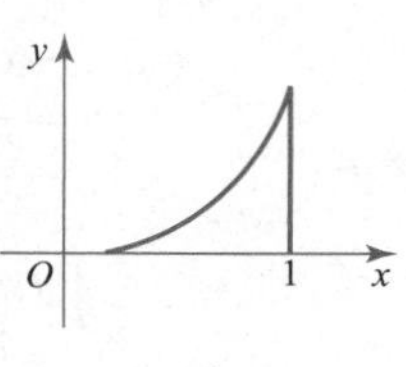

图3-6

【案例解答】

按n等分$[0,1]$区间每一小区间的长为$\Delta x_i = \frac{1}{n}$,现取每个区间的右端点,即$\xi_i = \frac{i}{n}$ $(i = 1,2,\cdots,n)$则$f(\xi_i) = \frac{i^2}{n^2}$. 由于$\lambda = \frac{1}{n}$所以当$\lambda \to 0$时$n \to \infty$. 于是四角星窗户面积

$$A = \lim_{n\to\infty}\sum_{i=1}^{n} f(\xi_i)\Delta x_i = \lim_{n\to\infty}\sum_{i=1}^{n}\frac{i^2}{n^3} = \lim_{n\to\infty}\frac{1}{n^3}(1^2 + 2^2 + \cdots n^2)$$

$$= \lim_{n\to\infty}\frac{1}{n^3}\frac{n(n+1)(2n+1)}{6} = \frac{1}{3}.$$

则四角星形窗户的采光面积为$S = 4A = \frac{4}{3}\ \mathrm{m}^2$.

3.4.3　定积分的几何意义

当$f(x) > 0$时,定积分$\int_a^b f(x)\mathrm{d}x$表示曲线$y = f(x)$,直线$x = a$,$x = b$及x轴所围成的曲边梯形的面积(见图3-7). 即$\int_a^b f(x)\mathrm{d}x = S$.

当$f(x) < 0$时,则$-f(x) > 0$,此时$-\int_a^b f(x)\mathrm{d}x$表示曲边梯形的面积,因此,$\int_a^b f(x)\mathrm{d}x$表示曲边梯形面积的相反数(如图3-8). $\int_a^b f(x)\mathrm{d}x = -S$.

当$f(x)$有时正有时负时,定积分表示$\int_a^b f(x)\mathrm{d}x$曲边梯形的面积的代数和(如图3-9).

即$\int_a^b f(x)\mathrm{d}x = S_1 + S_2 - S_3$.

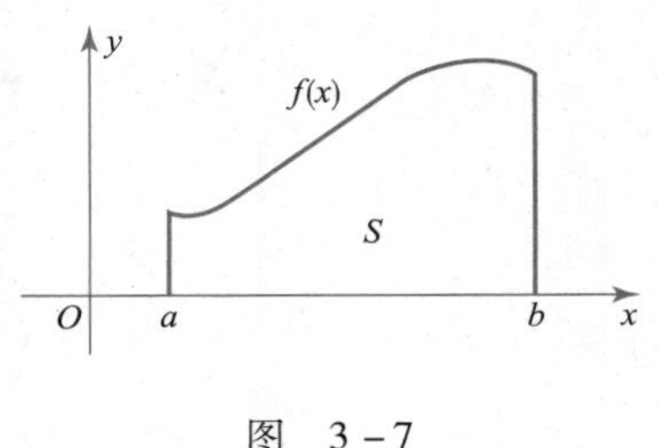

图 3-7

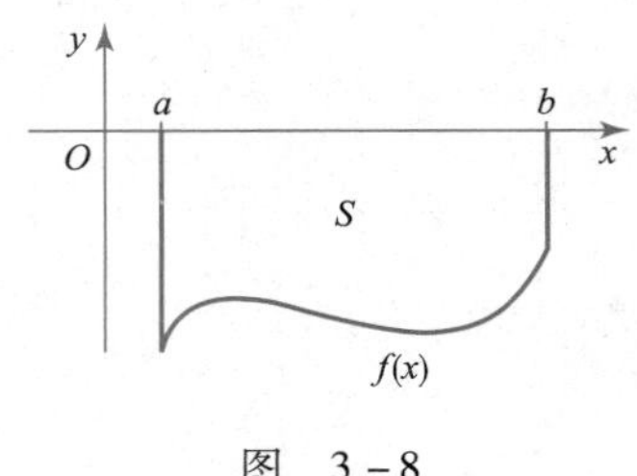

图 3-8

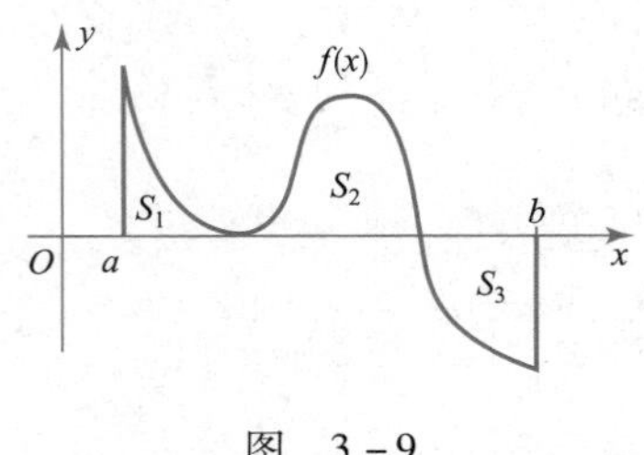

图 3-9

案例 3.9

利用定积分的几何意义计算定积分 $\int_{-R}^{R}\sqrt{R^2-x^2}\mathrm{d}x$.

【案例解答】

解:该积分为由曲线 $y=\sqrt{R^2-x^2}$ 及 x 轴所围成图形的面积,即以半径为 R 的二分之一圆的面积(见图 3-10).

所以

$$\int_{-R}^{R}\sqrt{R^2-x^2}\mathrm{d}x=\frac{1}{2}\pi R^2.$$

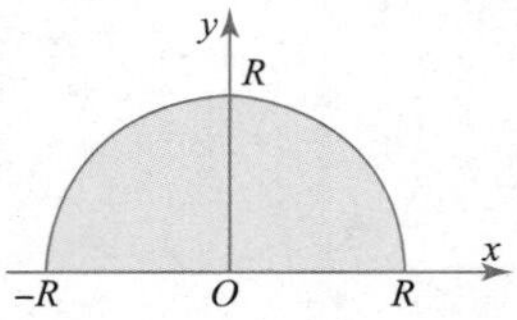

图 3-10

3.4.4 定积分的性质

性质 1 $\int_a^b[f(x)\pm g(x)]\mathrm{d}x=\int_a^b f(x)\mathrm{d}x\pm\int_a^b g(x)\mathrm{d}x.$

性质 2 $\int_a^b kf(x)\mathrm{d}x=k\int_a^b f(x)\mathrm{d}x$ (k 是常数).

性质 3 (积分区间的分割性) $\int_a^b f(x)\mathrm{d}x=\int_a^c f(x)\mathrm{d}x+\int_c^b f(x)\mathrm{d}x.$

性质 4 如果在区间$[a,b]$上,$f(x)\geqslant 0$,则 $\int_a^b f(x)\mathrm{d}x\geqslant 0$ $(a<b)$.

性质 5 (积分的比较性)设 $a<b$,如果在区间$[a,b]$上,$f(x)\leqslant g(x)$;

则

$$\int_a^b f(x)\mathrm{d}x\leqslant\int_a^b g(x)\mathrm{d}x.$$

推论

$$\left|\int_a^b f(x)\mathrm{d}x\right|\leqslant\int_a^b|f(x)|\mathrm{d}x.$$

性质 6 (积分估值定理)设函数 $f(x)$ 在闭区间$[a,b]$上的最大值为 M,最小值为 m,则

$$m(b-a)\leqslant\int_a^b f(x)\mathrm{d}x\leqslant M(b-a).$$

性质 7 (积分中值定理) 如果函数 $f(x)$ 在闭区间$[a,b]$上连续,则在积分区间$[a,b]$上至少存在一点 ξ,使得

$$\int_a^b f(x)\mathrm{d}x=f(\xi)(b-a)\quad(a\leqslant\xi\leqslant b).$$

案例 3.10

比较下列积分的大小:

$$\int_0^1 x^2\mathrm{d}x \text{ 与 } \int_0^1 x^3\mathrm{d}x,\ \int_1^2 x^2\mathrm{d}x \text{ 与 } \int_1^2 x^3\mathrm{d}x.$$

【案例解答】

解:因为在 $[0,1]$ 上有 $x^2\geqslant x^3$,所以由比较性质 5 得 $\int_0^1 x^2\mathrm{d}x\geqslant\int_0^1 x^3\mathrm{d}x$.

因为在 $[1,2]$ 上有 $x^2\leqslant x^3$,所以由比较性质 5 得 $\int_0^1 x^2\mathrm{d}x\leqslant\int_0^1 x^3\mathrm{d}x$.

案例 3.11

估计定积分 $\int_{\frac{\pi}{4}}^{\frac{5\pi}{4}}(1+\sin^2 x)\mathrm{d}x$ 的值.

【案例解答】

因为函数 $f(x)=1+\sin^2 x$ 在区间 $\left[\frac{\pi}{4},\frac{5\pi}{4}\right]$ 上的最大值为 $f(\frac{\pi}{2})=2$，最小值为 $f(\pi)=1$，故由估值性质6有

$$1\times(\frac{5\pi}{4}-\frac{\pi}{4})\leqslant\int_{\frac{\pi}{4}}^{\frac{5\pi}{4}}(1+\sin^2 x)\mathrm{d}x\leqslant 2\times(\frac{5\pi}{4}-\frac{\pi}{4})$$

即

$$\pi\leqslant\int_{\frac{\pi}{4}}^{\frac{5\pi}{4}}(1+\sin^2 x)\mathrm{d}x\leqslant 2\pi.$$

3.5　微积分基本公式

3.5.1　积分上限函数及其导数

1. 定义　设函数 $f(x)$ 在闭区间 $[a,b]$ 上连续，且 x 为区间 $[a,b]$ 上的任一点，则称函数在区间 $[a,x]$ 上的定积分 $\int_a^x f(x)\mathrm{d}x$ 为**积分上限函数**. 记为 $\varphi(x)=\int_a^x f(x)\mathrm{d}x$. 为避免混淆，把积分变量改为 t，于是有 $\varphi(x)=\int_a^x f(t)\mathrm{d}t$.

2. 定理　（原函数存在定理）如果函数 $f(x)$ 在闭区间 $[a,b]$ 上连续，则积分上限函数

$$\varphi(x)=\int_a^x f(t)\mathrm{d}t$$

在区间 $[a,b]$ 上可导，且它的导数等于被积函数，即

$$\varphi'(x)=\left[\int_a^x f(t)\mathrm{d}t\right]'=f(x)\qquad(a\leqslant x\leqslant b).$$

案例 3.12

已知 $\varphi(x)=\int_a^x \mathrm{e}^{t^2}\mathrm{d}t$，求 $\varphi'(x)$.

【案例解答】

根据原函数的存在定理得 $\varphi'(x)=(\int_a^x \mathrm{e}^{t^2}\mathrm{d}t)'=\mathrm{e}^{x^2}$.

案例 3.13

计算极限

$$\lim_{x\to 0}\frac{\int_0^x \arctan t\mathrm{d}t}{x^2}.$$

【案例解答】

这是一个“$\frac{0}{0}$”型不定式，由洛必达法则及原函数存在定理得

$$\lim_{x\to 0}\frac{\int_0^x \arctan t\mathrm{d}t}{x^2}=\lim_{x\to 0}\frac{\arctan x}{2x}=\lim_{x\to 0}\frac{\frac{1}{1+x^2}}{2}=\frac{1}{2}$$

3.5.2　牛顿－莱布尼茨公式

设函数 $f(x)$ 在区间 $[a,b]$ 上连续，且 $F(x)$ 是它在该区间上的一个原函数，则

$$\int_a^b f(x)\mathrm{d}x=F(b)-F(a).$$

也可记为

$$\int_a^b f(x)\mathrm{d}x=F(x)\Big|_a^b=F(b)-F(a).$$

案例 3.14

计算下列定积分：

1. $\int_1^3 (x-\frac{1}{x})^2 dx$；　　2. $\int_0^5 |2x-4| dx$；　　3. $\int_0^1 xe^{x^2} dx$；

4. $\int_0^{\pi} \frac{\sin x}{1+\cos^2 x} dx$；　　5. $\int_1^9 x\sqrt[3]{1-x} dx$；　　6. $\int_0^1 e^{\sqrt{x}} dx$.

【案例解答】

1. **解：**$\int_1^3 (x-\frac{1}{x})^2 dx = \int_1^3 (x^2-2+\frac{1}{x^2}) dx = (\frac{1}{3}x^3-2x-\frac{1}{x})) \Big|_1^3 = \frac{16}{3}.$

2. **解：**$\int_0^5 |2x-4| dx = \int_0^2 (4-2x) dx + \int_2^5 (2x-4) dx = (4x-x^2) \Big|_0^2 + (x^2-4x) \Big|_2^5 = 13.$

3. **解：**$\int_0^1 xe^{x^2} dx = \int_0^1 e^{x^2} \frac{1}{2} dx^2 = \frac{1}{2}e^{x^2} \Big|_0^1 = \frac{1}{2}(e-1).$

4. **解：**$\int_0^{\pi} \frac{\sin x}{1+\cos^2 x} dx = -\int_0^{\pi} \frac{1}{1+\cos^2 x} d\cos x = -\arctan\cos x \Big|_0^{\pi}$

$$= -(\arctan\cos\pi - \arctan\cos 0) = \frac{\pi}{2}.$$

5. **解 1：**$\int_1^9 x\sqrt[3]{1-x} dx = \int_1^9 [1-(1-x)](1-x)^{\frac{1}{3}} dx = -\int_1^9 [(1-x)^{\frac{1}{3}} - (1-x)^{\frac{4}{3}}] d(1-x)$

$$= -[\frac{3}{4}(1-x)^{\frac{4}{3}} - \frac{3}{7}(1-x)^{\frac{7}{3}}] \Big|_1^9 = -\frac{468}{7}.$$

解 2：令 $\sqrt[3]{1-x} = t$，$x = 1-t^3$，$dx = -3t^2 dt$，当 $x = 1$ 时，$t = 0$，当 $x = 9$ 时 $t = -2$.

则
$$\int_1^9 x\sqrt[3]{1-x} dx = \int_0^{-2} (1-t^3) t(-3t^2 dt) = -3\int_0^{-2} (t^3-t^6) dt$$

$$= -3[\frac{1}{4}t^4 - \frac{1}{7}t^7] \Big|_0^{-2} = \frac{468}{7}.$$

6. **解：**令 $\sqrt{x} = t$，即 $x = t^2$，则 $dx = 2tdt$，当 $x = 0$ 时，$t = 0$，当 $x = 1$ 时 $t = 1$，

则
$$\int_0^1 e^{\sqrt{x}} dx = \int_0^1 e^t 2tdt = 2\int_0^1 tde^t,$$

由分部积分法可知
$$\int_0^1 tde^t = te^t \Big|_0^1 - \int_0^1 e^t dt = e - e^t \Big|_0^1 = e-(e-1) = 1,$$

所以
$$\int_0^1 e^{\sqrt{x}} dx = \int_0^1 e^t 2tdt = 2\int_0^1 tde^t = 2.$$

3.6 定积分的应用

3.6.1 定积分的微元法

在定义中把由曲线 $y=f(x)\,(f(x)\geqslant 0)$ 为曲边，底为 $[a,b]$ 的曲边梯形面积表示成定积分 $A = \int_a^b f(x) dx$，即

$$A = \lim_{\lambda\to 0}\sum_i f(\xi_i)\cdot\Delta x_i = \int_a^b f(x) dx$$

其中 $\Delta A_i \approx f(\xi_1)\cdot\Delta x_i$ 为曲边梯形的面积 A 在 $[x_{i-1},x_i]$ 所分布面积的近似值，如果把 ξ_i 换成 x，Δx_i 换成 dx，则 $f(\xi_i)\Delta x_i$ 就可以写成 $f(x)dx$，由此可见 $f(x)dx$ 就是曲边梯形面积 A 在代表性小区间 $[x,x+\Delta x]$ 上所分布的面积 $f(\xi_i)\Delta x_i$ 的近似值，而 $f(x)dx$ 正是定积分 $A = \int_a^b f(x)dx$ 的被积表达式，由此可见，我们可以把实际问题中的待求量 A 通过这样的方式表示成定积分．

第一步，选择积分变量 $x\in[a,b]$，任取微小区间 $[x,x+\Delta x]$，求出微小区间的待求量 A 的部分量 ΔA 的

近似值,记为 $dA = f(x)dx$,称为 A 的**微元**.(注意:ΔA、dA 一定是比 Δx 高阶的无穷小)

第二步,将微元 $dA = f(x)dx$ 在$[a,b]$上积分(无限累加),即得 $A = \int_a^b f(x)dx$.

这种解决问题的方法称**微元法**.

注意:(1) $f(x)dx$ 是 ΔA 的近似表达式,当 $\Delta A - dA$ 是比 Δx 高阶的无穷小时,微元 $f(x)dx$ 实际上是所求量的微分 dA.

(2)如何求微元是解决问题的关键,要分析问题的实际意义及数量关系,一般可在局部$[a,b]$上,以“不变代变”;“匀代不匀”;“直代曲”的思路,求出所求量局部上的近似值,即微元 $dA = f(x)dx$.

案例3.15

【水箱的积水量】

将水放入水箱里,设水流入水箱的速度为 $r(t)$(单位:L/min),问当时间从 $t=0$ 到 $t=2$ 时流入水箱的总水量 G 是多少?

【案例解答】

首先选取时间段$[t,t+\Delta t]$. 在这个时间段里流入水箱水量的微元为 $dG = r(t)dt$,于是当时间从 $t = 0$ 到 $t = 2$ 时流入水箱的总水量 G 就是水的流速 $r(t)$ 在时间段$[0,2]$上的定积分,即

$$G = \int_0^2 r(t)dt.$$

案例3.16

【取暖费的总量】

已知某住户冬季每个月的取暖费用为 $C(t)$, $t = 0$ 对应于2011年10月13日,问该用户从2011年10月13日到2012年4月13日在取暖上所花费的总量 Q 是多少?

【案例解答】

首先选取时间段$[t,t+\Delta t]$. 在这个时间段里所花费取暖费的微元为 $dQ = C(t)dt$. 设 $t = 0$ 对应于2011年10月13日. 于是该用户从2011年10月13日到2012年4月13日,即 $t=6$ 的时间,在取暖上所花费的总量 Q 就是每个月的取暖费用 $C(t)$ 在时间段$[0,6]$上的定积分,即

$$Q = \int_0^6 C(t)dt.$$

3.6.2　平面图形的面积

1. 直角坐标系情形

$S = \int_a^b f(x)dx$(见图3-11), $S = -\int_a^b f(x)dx$(见图3-12), $S = \int_a^b [f(x) - g(x)]dx$(见图3-13).

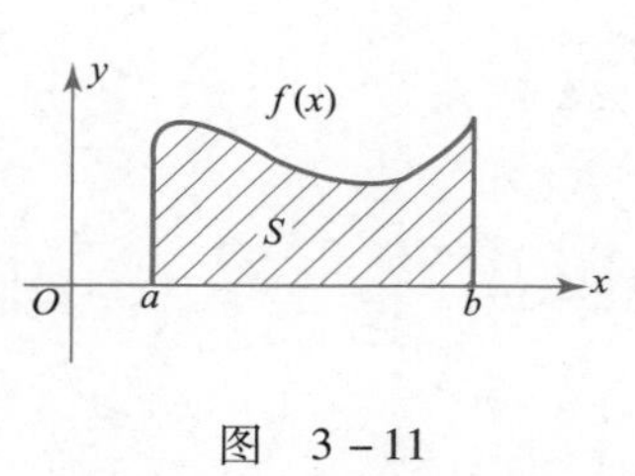

图　3-11

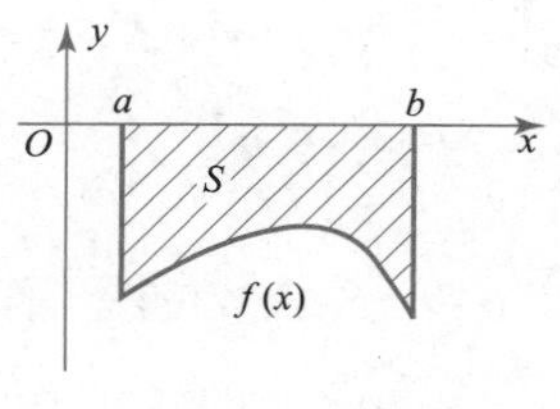

图　3-12

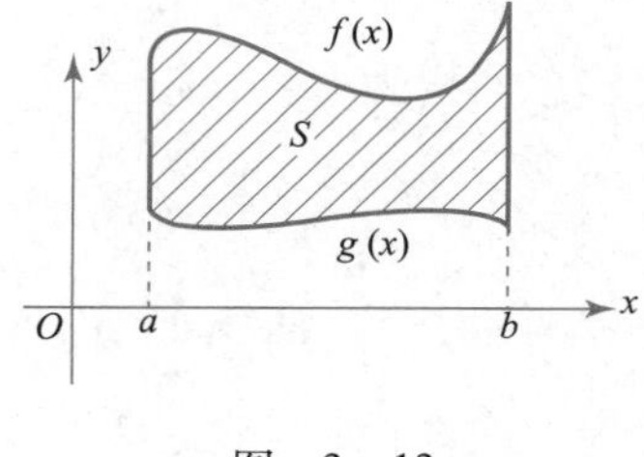

图　3-13

$S = \int_c^d p(y)dx$(见图3-14), $S = \int_c^d p(y)dy - \int_c^d q(y)dy$(见图3-15), $S = \int_a^b f(x)dx - \int_b^c f(x)dx + \int_c^d f(x)dx$(见图3-16).

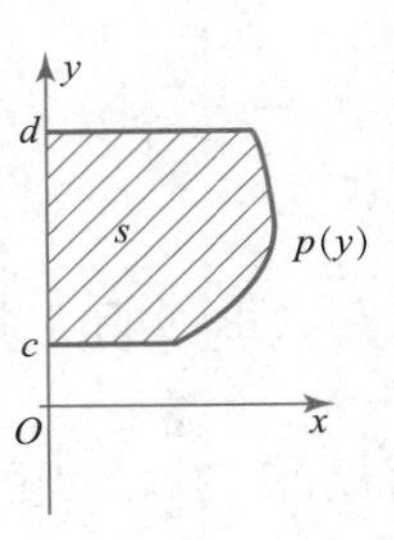

图 3-14

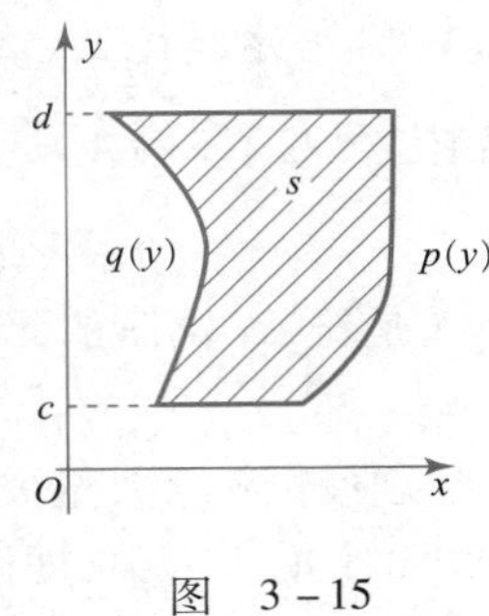

图 3-15

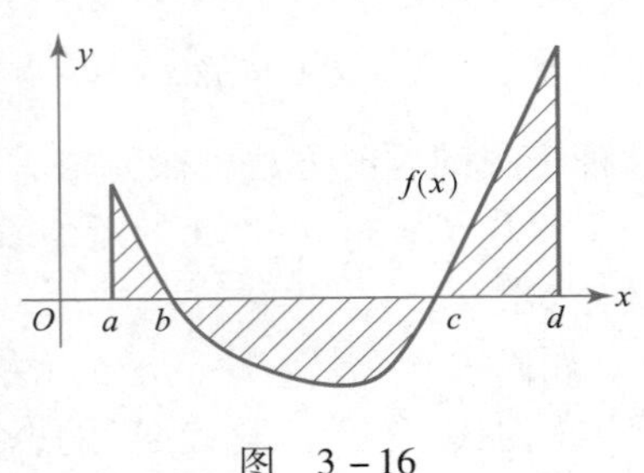

图 3-16

案例 3.17

【平面图形的面积】

求由两条抛物线 $y = x^2$ 及 $y^2 = x$ 所围成图形的面积.

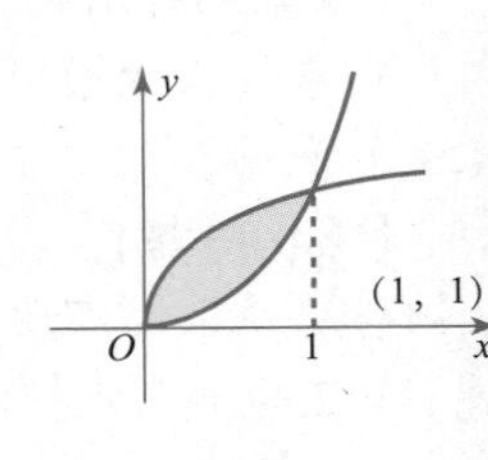

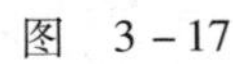

图 3-17

【案例解答】

解:联立方程组 $\begin{cases} y = x^2 \\ y^2 = x \end{cases}$ 得交点 (0,0) 及 (1,1)

(见图 3-17)取 x 为积分变量 $x \in [0,1]$,则由两条抛物线

$y = x^2$ 及 $y^2 = x$ 所围成图形的面积

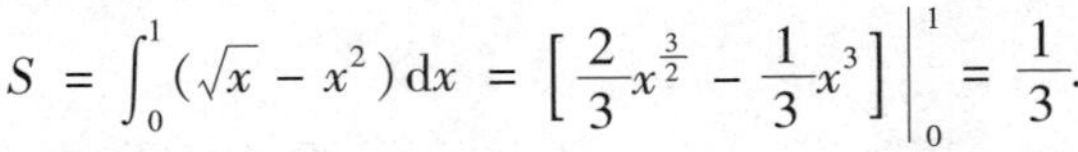

$$S = \int_0^1 (\sqrt{x} - x^2)\,dx = \left[\frac{2}{3}x^{\frac{3}{2}} - \frac{1}{3}x^3\right]\bigg|_0^1 = \frac{1}{3}.$$

案例 3.18

【窗户的面积】

某建筑物的窗户设计成上部为弓形,下部为长方形(见图 3-18),求此窗户的采光面积.

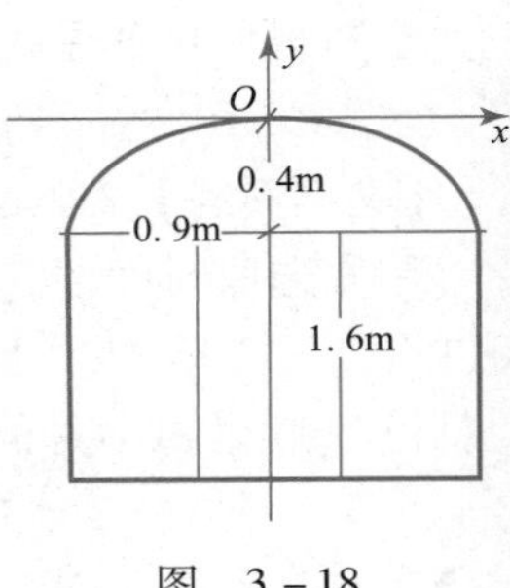

图 3-18

【案例解答】

解:建立坐标系如图 3-18 所示,由于窗户由上下两部分组成,下部分为长方形,其面积

$$S_1 = 1.6 \times 1.8 = 2.88\ \text{m}^2.$$

上部分由 $x^2 = 2py$ 带入点(0.9, -0.4),求得抛物线 $y = -0.494x^2$ 及直线 $y = -0.4$ 围成的弓形,其面积为

$$S_2 = 2\int_0^{0.9} [-0.494x^2 - (-0.4)]\,dx = 2\left[-\frac{0.494}{3}x^3 + 0.4x\right]\bigg|_0^{0.9} = 0.48\ \text{m}^2.$$

窗户总面积为 $S = S_1 + S_2 = 2.88 + 0.48 = 3.36\ \text{m}^2$

于是窗户的采光面积为 $S = 3.36\ \text{m}^2$.

2. 极坐标系情形

在极坐标系下由曲线 $\rho = \rho(\theta)$ 与两射线 $\theta = \alpha, \theta = \beta$,围成的图形面积(见图 3-19),

即曲边扇形的面积 $A = \int_\alpha^\beta \frac{1}{2}[\rho(\theta)]^2 d\theta.$

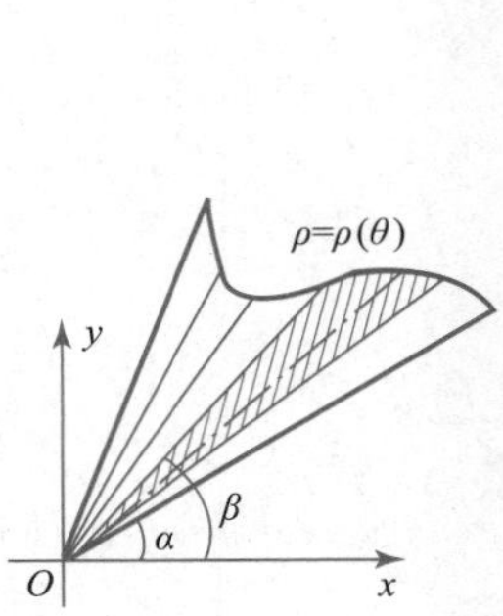

注:平面内的任意一点 p 的直角坐标 (x,y) 与极坐标 (ρ,θ) 的互化关系是

$$\begin{cases} x = \rho\cos\theta \\ y = \rho\sin\theta \end{cases} \text{和} \begin{cases} \rho^2 = x^2 + y^2 \\ \tan\theta = \dfrac{y}{x} \end{cases} \quad (x \neq 0).$$

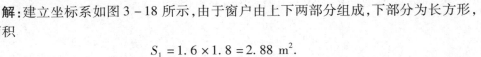

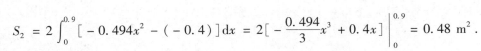

图 3-19

案例 3.19

求四叶玫瑰线 $\rho = a\cos 2\theta$ 一瓣的面积(见图 3-20).

【案例解答】

由图 3 - 20 可见，其一瓣夹在极径 $\rho=-\dfrac{\pi}{4}$ 与 $\rho=\dfrac{\pi}{4}$ 之间，故曲线 $\rho=a\cos2\theta$ 的面积 S 的面积为

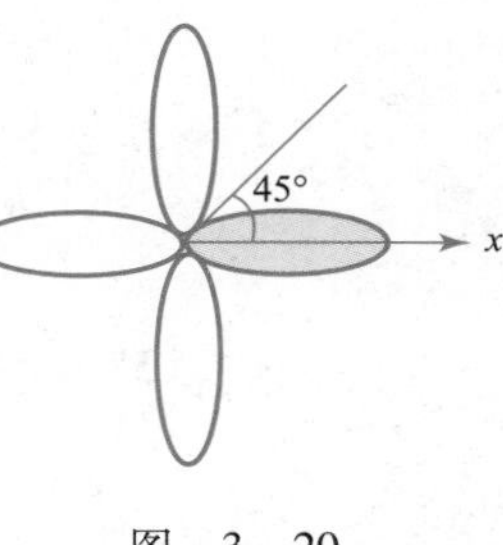

图 3 - 20

$$S=\frac{1}{2}\int_{-\frac{\pi}{4}}^{\frac{\pi}{4}}a^2\cos^2 2\theta\mathrm{d}\theta=\frac{a^2}{4}\int_{-\frac{\pi}{4}}^{\frac{\pi}{4}}(1+\cos4\theta)\mathrm{d}\theta$$

$$=\int_{-\frac{\pi}{4}}^{\frac{\pi}{4}}(1+\cos4\theta)\mathrm{d}\theta=\frac{a^2}{4}\left(\theta+\frac{1}{4}\sin4\theta\right)\Bigg|_{-\frac{\pi}{4}}^{\frac{\pi}{4}}=\frac{\pi a^2}{8}.$$

3.6.3 立体的体积

1. 旋转体的体积

有连续曲线 $y=f(x)$ 与直线 $x=a$, $x=b$，及 x 轴围成的曲边梯形，绕 x 轴旋转一周而成的旋转体的体积(见图 3 - 21)

$$V=\int_a^b\pi[f(x)]^2\mathrm{d}x.$$

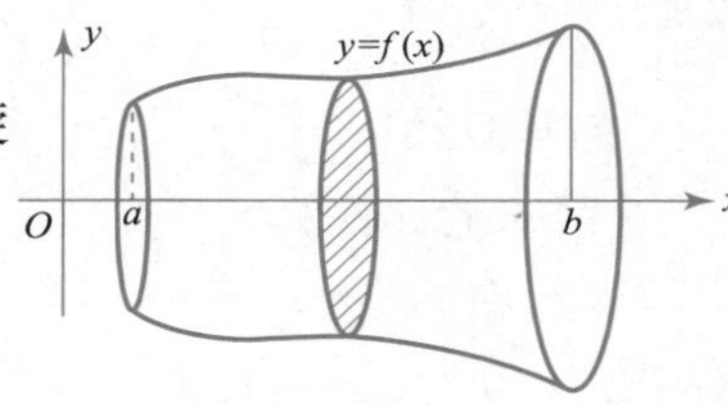

图 3 - 21

案例 3.20

【户外物体的体积】

一欧式建筑的顶层阁楼，设计成一抛物面形状，其抛物面由曲线 $y=-x^2$, $y=-1$ 及 $x=0$ 围成的平面图形绕 y 轴旋转而成(见图 3 - 22)，试求此阁楼的体积(单位:100m^3).

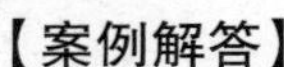
【案例解答】

解: 取 y 为积分变量 $y\in[-1,0]$，则由曲线 $y=-x^2$，$y=-1$ 及 $x=0$ 围成的平面图形绕 y 轴旋转体的体积为

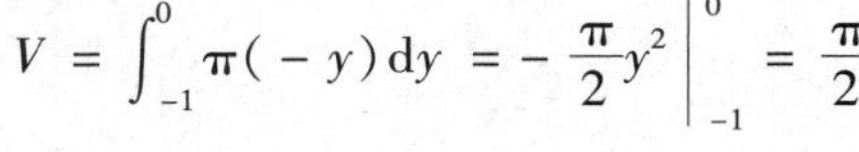
$$V=\int_{-1}^{0}\pi(-y)\mathrm{d}y=-\frac{\pi}{2}y^2\Bigg|_{-1}^{0}=\frac{\pi}{2}$$

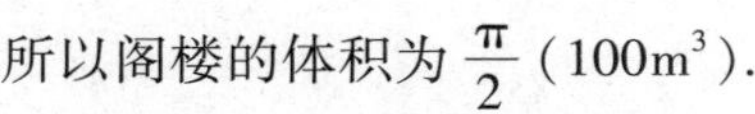
所以阁楼的体积为 $\dfrac{\pi}{2}(100\text{m}^3)$.

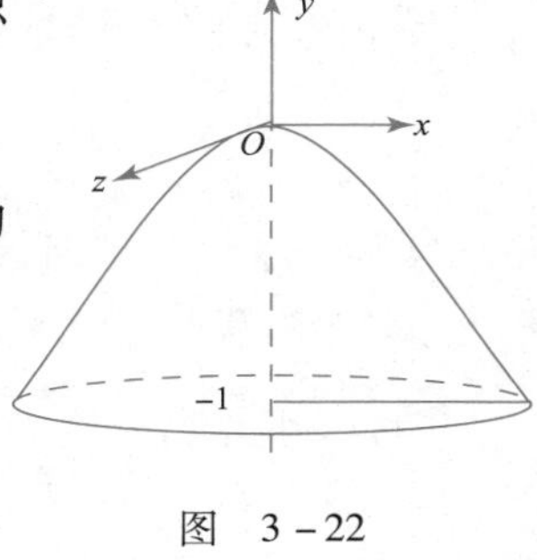

图 3 - 22

2. 平行截面面积为已知的立体体积

对于一般的空间立体，如果它与某一个轴线(如 x 坐标轴)相垂直的截面面积是一个已知连续的函数 $A(x)$ $(a\leqslant x\leqslant b)$，则可利用微元素法求的微体积元素为 $\mathrm{d}V=A(x)\mathrm{d}x$，于是该立体的体积为

$$V=\int_a^b A(x)\mathrm{d}x.$$

案例 3.21

设底面半径为 a 的圆柱体，被过圆柱底面直径 AB 且与底面成 α 角的平面所截，求截下的楔形体的体积(见图 3 - 23).

解: 取坐标系，过任意一点 x 作垂直于 x 轴的截面，显然该截面都是直角三角形，其面积为

$$A(x)=\frac{1}{2}\sqrt{a^2-x^2}\times\sqrt{a^2-x^2}\tan\alpha=\frac{1}{2}(a^2-x^2)\tan\alpha,$$

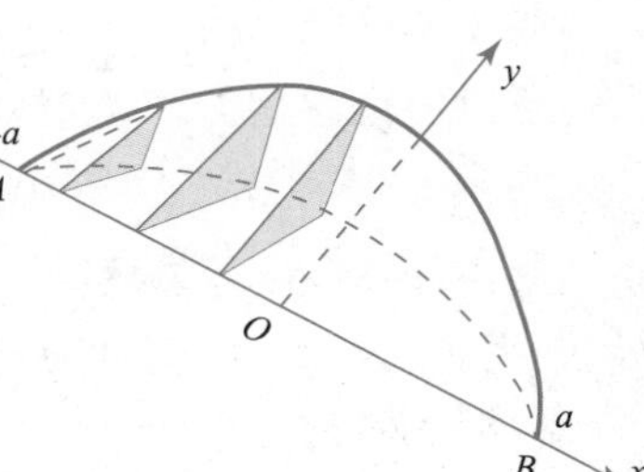

图 3 - 23

取 x 为积分变量，积分区间为 $[-a,a]$，与小区间 $[x,x+\mathrm{d}x]$ 对应的体积元素为 $\mathrm{d}V=A(x)\mathrm{d}x$，因此楔形体的体积为 $V=\int_{-a}^{a}A(x)\mathrm{d}x=\int_{-a}^{a}\frac{1}{2}(a^2-x^2)\tan\alpha\mathrm{d}x=\frac{2}{3}a^3\tan\alpha$.

即
$$V=\frac{2}{3}a^3\tan\alpha.$$

3.6.4 曲线的弧长

1. 曲线 $y=f(x)$ 相应于区间 $[a,b]$ 上的弧长

$$l=\int_a^b \sqrt{1+f'^2(x)}\,\mathrm{d}x.$$

2. 曲线参数方程 $\begin{cases}x=\varphi(t)\\ y=\varphi(t)\ (\alpha\leqslant t\leqslant\beta)\end{cases}$ 的弧长

$$l=\int_\alpha^\beta \sqrt{\varphi'^2(t)+\varphi'^2(t)}\,\mathrm{d}t.$$

3. 曲线极坐标方程 $\rho=\rho(\theta)\ (\alpha\leqslant\theta\leqslant\beta)$ 的弧长

$$l=\int_\alpha^\beta \sqrt{\rho'^2(\theta)+\rho'^2(\theta)}\,\mathrm{d}\theta.$$

案例 3.22

【弧长的计算】

在跨度为 2km 的河道上方修建一条钢索桥，桥的形状设计为悬链线型（见图 3－24），已知悬链线的方程为 $y=\frac{1}{2}(\mathrm{e}^x+\mathrm{e}^{-x})$，问要修建这样一条钢索桥需要用多少千克钢材？（钢的密度为 $\gamma=8.7\mathrm{g/cm}$，$\mathrm{e}\approx2.718$）

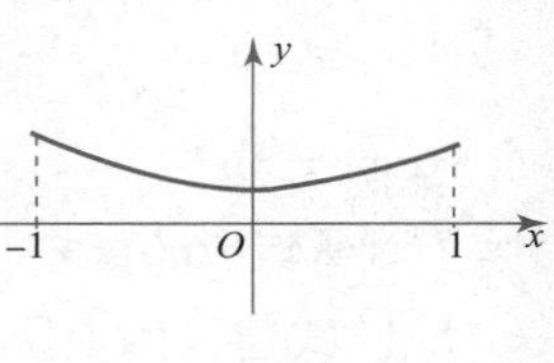

图 3－24

【案例分析】

要想求出所需钢材，首先应知道桥的长度，即悬链线的弧长．弧长公式为

$$l=\int_a^b \sqrt{1+(y')^2}\,\mathrm{d}x\ (\ x\in[-1,1]\ )$$

然后再求出所需钢材量 $W=\gamma l$．

【案例解答】

解： 已知 $y=\frac{1}{2}(\mathrm{e}^x+\mathrm{e}^{-x})$，则 $y'=\frac{1}{2}(\mathrm{e}^x-\mathrm{e}^{-x})$

当 $x\in[-1,1]$ 时，由弧长公式 $l=\int_a^b \sqrt{1+(y')^2}\,\mathrm{d}x$ 得

$$l=2\int_0^1\sqrt{1+\frac{1}{4}(\mathrm{e}^x-\mathrm{e}^{-x})^2}\,\mathrm{d}x=\int_0^1\sqrt{(\mathrm{e}^x+\mathrm{e}^{-x})^2}\,\mathrm{d}x=\int_0^1(\mathrm{e}^x+\mathrm{e}^{-x})\,\mathrm{d}x$$

$$=(\mathrm{e}^x-\mathrm{e}^{-x})\Big|_0^1=\mathrm{e}^1-\mathrm{e}^{-1}\approx2.718-2.718^{-1}$$

$$\approx2.35\mathrm{km}=2.35\times10^5\mathrm{cm}$$

所需钢材量　　$W=\gamma l\approx8.7\times2.35\times10^5\mathrm{g}=2044.5\times10^3\mathrm{g}=2044.5\mathrm{kg}$

所以要修建这样一条钢索桥需要用 2044.5kg 钢材．

案例 3.23

某设计师在设计某建筑物的窗户时，采用了边框由不锈钢围成星形线 $x^{\frac{2}{3}}+y^{\frac{2}{3}}=1$ 的形状（见图 3－25），试对此窗户的采光度及钢材的造价进行评估．（不锈钢造价 89 元/m）

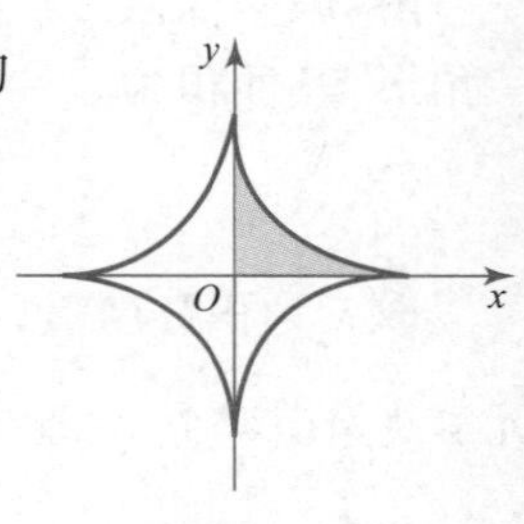

图 3－25

【案例解答】

因为星形线的参数方程为 $\begin{cases}x=\cos^3t\\ y=\sin^3t\end{cases}$　当 $x\in[0,1]$ 时 $t\in\left[\frac{\pi}{2},0\right]$，所以

（1）星形线的面积为

$$S=4\int_0^1 y\mathrm{d}y=4\int_{\frac{\pi}{2}}^0\sin^3t\times(-3\cos^2t\sin t)\,\mathrm{d}t$$

$$=12\left[\int_0^{\frac{\pi}{2}}\sin^4t\mathrm{d}t-\int_0^{\frac{\pi}{2}}\sin^6t\mathrm{d}t\right]=12\left[\frac{1\cdot3}{2\cdot4}\cdot\frac{\pi}{2}-\frac{1\cdot3\cdot5}{2\cdot4\cdot6}\cdot\frac{\pi}{2}\right]$$

$$= \frac{3}{8}\pi \approx 1.178.$$

(2)星形线的弧长为

$$l = 4\int_0^{\frac{\pi}{2}} \sqrt{[x'(t)]^2 + [y'(t)]^2}\mathrm{d}t = 4\int_0^{\frac{\pi}{2}} \sqrt{(-3\cos^2 t \cdot \sin t)^2 + (3\sin^2 t \cdot \cos t)^2}$$

$$= 12\int_0^{\frac{\pi}{2}} \sin t \cdot \cos t\sqrt{\cos^2 t + \sin^2 t}\mathrm{d}t = 12\int_0^{\frac{\pi}{2}} \sin t \cdot \cos t\mathrm{d}t$$

$$= 12\int_0^{\frac{\pi}{2}} \sin t\mathrm{d}\sin t = 6\sin^2 t\Big|_0^{\frac{\pi}{2}} = 6$$

造价为 $6 \times 89 = 534$ 元.

所以此窗户的采光度约每平方米 1.178. 不锈钢的用量为 6m,需花费 534 元.

3.6.5　函数的平均值

定义在 $[a,b]$ 区间上的连续函数 $y=f(x)$ 的平均值 $\bar{y}$ 计算方法为

$$\bar{y} = \frac{1}{b-a}\int_a^b f(x)\mathrm{d}x.$$

案例 3.24

一家水泥厂每个月销售水泥的数量由下式给出:$Q(t) = 20 - 10\mathrm{e}^{-0.1t}$,求该厂前 7 个月内的平均销量(单位:t).

【案例解答】

设该厂前 7 个月内的平均销量为 $\overline{Q}$,则

$$\overline{Q} = \frac{1}{7}\int_0^7 (20 - 10\mathrm{e}^{-0.1t})\mathrm{d}t = \frac{1}{7}(20t + 100\mathrm{e}^{-0.1t})\Big|_0^7 = 20 + \frac{100}{7}(\mathrm{e}^{-0.7} - 1) \approx 12.808,$$

即该厂前 7 个月内的平均销量为 $\overline{Q} \approx 12.8$ t.

3.6.6　变力做功

案例 3.25

修建一座跨江大桥的桥墩时先要下围囹,并抽尽其中的水以便施工. 已知围囹的直径为 20m,水深 27m,围囹高出水面 3m(见图 3－26),求抽尽水所需之功.(水的密度为 $\rho = 10^3\mathrm{kg/m^3}$)

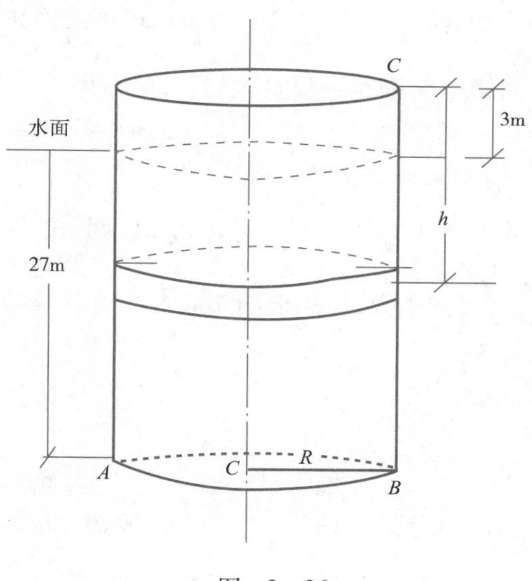

图　3－26

【案例解答】

解: 要把深为 h 处厚为 $\mathrm{d}h$ 的一层水抽出时,所需之力为 $\boldsymbol{F} = \rho\pi r^2\mathrm{d}h$.($r$ 为围囹的半径),而功的微元为

$$\mathrm{d}W = \boldsymbol{F} \cdot h = \rho\pi r^2\mathrm{d}h \cdot h = \rho\pi r^2 h\mathrm{d}h.$$

因此要把水从 $h = 3$ 到 $h = 27 + 3 = 30$ 抽出,所做的功为定积分 $W = \int_3^{30} \rho\pi r^2 h\mathrm{d}h$.

所以将 $\rho = 1000\mathrm{kg/m^3}$, $R = 10$m,代入上式得

$$\boldsymbol{W} = \int_3^{30} 1000\pi\, 10^2 h\mathrm{d}h = 10^5\pi\int_3^{30} h\mathrm{d}h = 10^5\pi\left[\frac{h^2}{2}\right]_3^{30} = 10^5\pi\left[\frac{30^2}{2} - \frac{3^2}{2}\right] = 445.5\pi \times 10^5$$

$\approx 1.4 \times 10^8\mathrm{kg/m}$. 所以抽尽水所需之功约为 $1.4 \times 10^8\mathrm{kg/m}$.

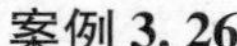

案例 3.26

若沙的比重为 $2000\mathrm{kg/m^3}$,为了堆成一个半径为 r m,高为 h m 的圆锥形沙堆,问需做多少功?

【案例解答】

选取以圆锥形沙堆的中心为坐标系(见图 3－27),底半径为 $r(x)$ 高为 $\mathrm{d}y$ m^3 的沙子重为

$2000\pi r^2(x)\mathrm{d}y$，功的微元为

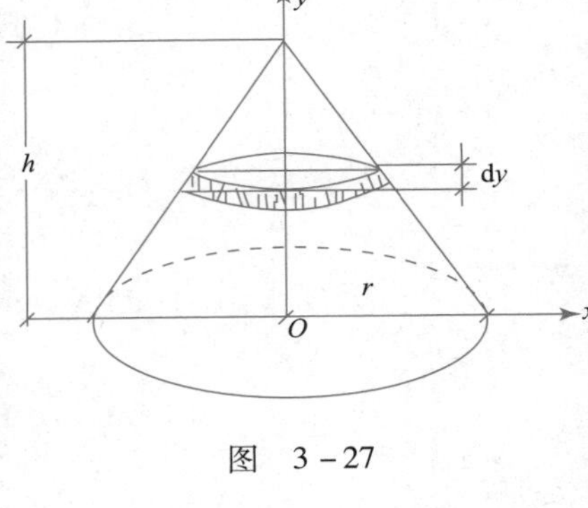

图 3-27

$$\mathrm{d}W = 2000\pi r^2(x)y\mathrm{d}y\text{，其中 } r(x) = \frac{r}{h}(h-y)\text{，}$$

即
$$\mathrm{d}W = 2000\pi\frac{r^2}{h^2}(h-y)^2y\mathrm{d}y.$$

因此要把沙子堆成圆锥形所需要的功为从 $y=0$ 到 $y=h$ 的定积分.

$$W = \int_0^h 2000\pi\frac{r^2}{h^2}(h-r)^2y\mathrm{d}y = 2000\pi\frac{r^2}{12h^2}y^4\Big|_0^h$$
$$= \frac{500}{3}\pi r^2h^2\ \mathrm{kg/m}.$$

所以堆成沙堆需做功$\frac{500}{3}\pi r^2h^2\mathrm{kg/m}$.

案例 3.27

将一根长 28m、质量为 20kg 的均质的链条悬挂于某建筑物的顶部，若将链条全部拉到建筑物的顶部，需做多少功？（$g=9.8\mathrm{m/s^2}$）

【案例解答】

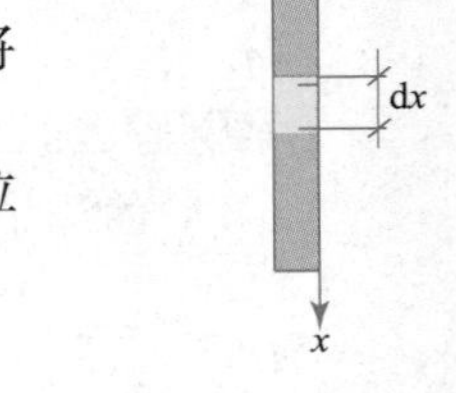

图 3-28

建立数轴 Ox（见图 3-28），位于 x 处、长度为 $\mathrm{d}x$ 的一段链条的质量为 $\frac{20}{28}\mathrm{d}x = \frac{5}{7}\mathrm{d}x$，将此小段链条拉到建筑物的顶部需做功的微元 $dW = \frac{5}{7}gx\mathrm{d}x = \frac{5}{7}\times 9.8x\mathrm{d}x$，所以链条全部拉到建筑物的顶部，所做的功为

定积分 $$W = \int_0^{28}\frac{5}{7}\times 9.8x\mathrm{d}x = \frac{5}{14}\times 9.8x^2\Big|_0^{28} = 280\times 9.8 = 2744\ \mathrm{J}$$

将链条全部拉到建筑物的顶部，需做的功为 2744J.

3.7 广义积分

3.7.1 无限区间上的广义积分

定义 1 设函数 $f(x)$ 是定义在区间 $[\alpha,+\infty)$ 上的连续函数，对于任意给定的 $t>a$，积分 $\int_a^t f(x)\mathrm{d}x$ 都存在，它是 t 的函数，如果极限 $\lim\limits_{t\to+\infty}\int_a^t f(x)\mathrm{d}x$ 存在，则称此极限为函数 $f(x)$ 在无穷区间 $[a,+\infty)$ 上的**广义积分**，记作 $\int_a^{+\infty} f(x)\mathrm{d}x$，即

$$\int_a^{+\infty} f(x)\mathrm{d}x = \lim_{t\to+\infty}\int_a^t f(x)\mathrm{d}x$$

这时也称广义积分 $\int_a^{+\infty} f(x)\mathrm{d}x$ **收敛**；如果上述极限不存在，则称函数 $f(x)$ 在无穷区间 $[a,+\infty)$ 上的广义积分 $\int_a^{+\infty} f(x)\mathrm{d}x$ **发散**.

类似地，设函数 $f(x)$ 在区间 $(-\infty,b]$ 上连续，则定义 $f(x)$ 在 $(-\infty,b]$ 上的广义积分为

$$\int_{-\infty}^b f(x)\mathrm{d}x = \lim_{t\to-\infty}\int_t^b f(x)\mathrm{d}x.$$

设函数 $f(x)$ 在区间 $(-\infty,+\infty)$ 上连续，如果广义积分 $\int_{-\infty}^0 f(x)\mathrm{d}x$ 和 $\int_0^{\infty} f(x)\mathrm{d}x$ 都收敛，则定义 $f(x)$ 在无穷区间 $(-\infty,+\infty)$ 上的广义积分为

$$\int_{-\infty}^{+\infty} f(x)\mathrm{d}x = \int_{-\infty}^0 f(x)\mathrm{d}x + \int_0^{+\infty} f(x)\mathrm{d}x.$$

如果广义积分 $\int_{-\infty}^{0} f(x)\,\mathrm{d}x$ 及 $\int_{0}^{+\infty} f(x)\,\mathrm{d}x$ 有一个发散，则广义积分 $\int_{-\infty}^{+\infty} f(x)\,\mathrm{d}x$ 发散.

案例3.28

计算广义积分
$$\int_{-\infty}^{+\infty} \frac{1}{1+x^2}\mathrm{d}x.$$

【案例解答】

$$\begin{aligned}\int_{-\infty}^{+\infty} \frac{1}{1+x^2}\mathrm{d}x &= \int_{-\infty}^{0} \frac{1}{1+x^2}\mathrm{d}x + \int_{0}^{+\infty} \frac{1}{1+x^2}\mathrm{d}x \\ &= \lim_{a\to-\infty}\int_{a}^{0} \frac{1}{1+x^2}\mathrm{d}x + \lim_{b\to-\infty}\int_{0}^{b} \frac{1}{1+x^2}\mathrm{d}x \\ &= \lim_{a\to-\infty}[\tan x]_a^0 + \lim_{b\to-\infty}[\tan x]_0^b = 0-\left(\frac{\pi}{2}\right)+\frac{\pi}{2} = \pi\end{aligned}$$

故
$$\int_{-\infty}^{+\infty} \frac{1}{1+x^2}\mathrm{d}x = \pi.$$

一般为了书写方便，常常省略极限符号，形式上直接利用牛顿—莱布尼茨公式的书写格式，设 $F(x)$ 是 $f(x)$ 的一个原函数，记 $F(+\infty) = \lim\limits_{x\to+\infty}F(x)$，$F(-\infty) = \lim\limits_{x\to-\infty}F(x)$

于是
$$\int_{a}^{+\infty} f(x)\,\mathrm{d}x = F(x)\Big|_{a}^{+\infty} = F(+\infty) - F(a)$$

同理
$$\int_{-\infty}^{b} f(x)\,\mathrm{d}x = F(x)\Big|_{-\infty}^{b} = F(b) - F(-\infty),$$

$$\int_{-\infty}^{+\infty} f(x)\,\mathrm{d}x = F(x)\Big|_{-\infty}^{+\infty} = F(+\infty) - F(-\infty).$$

案例3.29

讨论广义积分 $\int_{1}^{+\infty} \frac{1}{x^p}\mathrm{d}x$ 的敛散性.

【案例解答】

解：当 $p=1$ 时 $\int_{1}^{+\infty}\frac{1}{x}\mathrm{d}x = \Big[\ln x\Big]_{1}^{+\infty} = +\infty$，该广义积分发散；

当 $p>1$ 时 $\int_{1}^{+\infty}\frac{1}{x^p}\mathrm{d}x = \frac{1}{1-p}x^{1-p}\Big|_{1}^{\infty} = \frac{1}{p-1}$，该广义积分收敛；

当 $p<1$ 时 $\int_{1}^{+\infty}\frac{1}{x^p}\mathrm{d}x = \frac{1}{1-p}x^{1-p}\Big|_{1}^{\infty} = +\infty$，该广义积分发散.

因此 $\int_{1}^{+\infty}\frac{1}{x^p}\mathrm{d}x$ 在 $p\leqslant 1$ 时发散，在 $p>1$ 时收敛，且 $\int_{1}^{+\infty}\frac{1}{x^p}\mathrm{d}x = \frac{1}{p-1}$.

3.7.2 无界函数的广义积分

定义2 设函数 $f(x)$ 在区间 $[a,b)$ 上连续，且 $\lim\limits_{x\to b^-}f(x)=\infty$，取 $\varepsilon>0$，如果极限 $\lim\limits_{\varepsilon\to0^+}\int_{a}^{b-\varepsilon}f(x)\,\mathrm{d}x$ 存在，则称此极限为函数 $f(x)$ 在区间 $[a,b)$ 上的广义积分，仍然记作 $\int_{a}^{b}f(x)\,\mathrm{d}x$ 即 $\int_{a}^{b}f(x)\,\mathrm{d}x = \lim\limits_{\varepsilon\to0^+}\int_{a}^{b-\varepsilon}f(x)\,\mathrm{d}x$.

若该极限存在，则称广义积分 $\int_{a}^{b}f(x)\,\mathrm{d}x$ 收敛. 若极限不存在，则称广义积分 $\int_{a}^{b}f(x)\,\mathrm{d}x$ 发散.

类似地，设函数 $f(x)$ 在 $(a,b]$ 上连续，而 $\lim\limits_{x\to a^+}f(x)=\infty$，则定义 $f(x)$ 在 $(a,b]$ 上的广义积分为 $\int_{a}^{b}f(x)\,\mathrm{d}x = \lim\limits_{\varepsilon\to0^+}\int_{a+\varepsilon}^{b}f(x)\,\mathrm{d}x$.

若函数$f(x)$在$[a,c)$及$(c,b]$上连续，而$\lim\limits_{x\to c}f(x)\mathrm{d}x=\infty$，且广义积分$\int_a^c f(x)\mathrm{d}x$与$\int_c^b f(x)\mathrm{d}x$都收敛，则定义广义积分

$$\int_a^b f(x)\mathrm{d}x=\int_a^c f(x)\mathrm{d}x+\int_c^b f(x)\mathrm{d}x.$$

如果广义积分$\int_a^c f(x)\mathrm{d}x$与$\int_c^b f(x)\mathrm{d}x$有一个发散，就称广义积分$\int_a^b f(x)\mathrm{d}x$发散.

以上三种广义积分统称为无界函数的广义积分，也称为瑕积分，公式中的无穷间断点称为函数$f(x)$的瑕点.

案例 3.30

计算　$\int_0^1 \frac{1}{\sqrt{1-x^2}}\mathrm{d}x$.

【案例解答】

因为函数$f(x)=\frac{1}{\sqrt{1-x^2}}$在$[0,1)$上连续，$x=1$为函数的瑕点，所以

$$\int_0^1 \frac{1}{\sqrt{1-x^2}}\mathrm{d}x=\lim_{\varepsilon\to 0^+}\int_0^{1-\varepsilon}\frac{1}{\sqrt{1-x^2}}\mathrm{d}x=\lim_{\varepsilon\to 0^+}\arcsin x\Big|_0^{1-\varepsilon}=\lim_{\varepsilon\to 0^+}\arcsin(1-\varepsilon)=\frac{\pi}{2}.$$

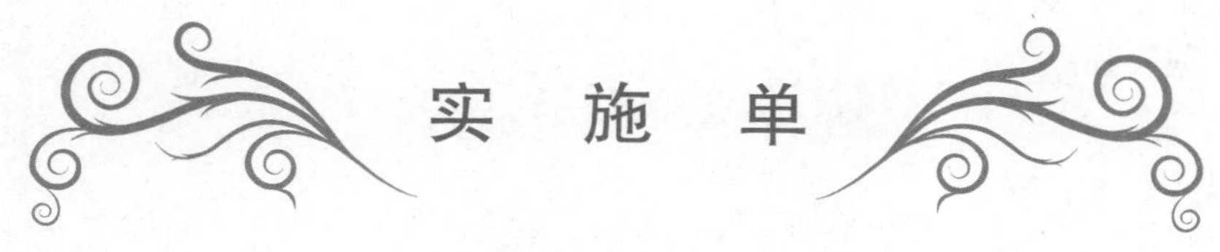

实　施　单

<table>
<tr><td>学习领域</td><td colspan="4">土木工程应用数学</td></tr>
<tr><td>学习情境</td><td colspan="2">土木工程专业中不规则几何图形的面积、体积等问题计算</td><td>学时</td><td>28</td></tr>
<tr><td>实施方式</td><td colspan="4">由各小组完成计划，每人填写此单</td></tr>
<tr><td>序号</td><td>实 施 步 骤</td><td colspan="3">使用资源</td></tr>
<tr><td></td><td></td><td colspan="3"></td></tr>
<tr><td></td><td></td><td colspan="3"></td></tr>
<tr><td></td><td></td><td colspan="3"></td></tr>
<tr><td></td><td></td><td colspan="3"></td></tr>
<tr><td></td><td></td><td colspan="3"></td></tr>
<tr><td></td><td></td><td colspan="3"></td></tr>
<tr><td></td><td></td><td colspan="3"></td></tr>
<tr><td></td><td></td><td colspan="3"></td></tr>
<tr><td></td><td></td><td colspan="3"></td></tr>
<tr><td></td><td></td><td colspan="3"></td></tr>
<tr><td></td><td></td><td colspan="3"></td></tr>
<tr><td></td><td></td><td colspan="3"></td></tr>
<tr><td></td><td></td><td colspan="3"></td></tr>
<tr><td></td><td></td><td colspan="3"></td></tr>
<tr><td></td><td></td><td colspan="3"></td></tr>
<tr><td colspan="5">实施说明</td></tr>
<tr><td>班级</td><td></td><td>第　组</td><td>组长签字</td><td></td></tr>
<tr><td>教师签字</td><td colspan="2"></td><td>日期</td><td></td></tr>
</table>

作 业 单

<table>
<tr><td>学习领域</td><td colspan="6">土木工程应用数学</td></tr>
<tr><td>学习情境</td><td colspan="3">土木工程专业中不规则几何图形的面积、体积等问题计算</td><td colspan="2">学时</td><td>28</td></tr>
<tr><td>作业方式</td><td colspan="6">每人完成</td></tr>
<tr><td>1</td><td colspan="6">设某曲线上任意点处切线的斜率等于该点横坐标的立方,已知该曲线通过坐标原点,求此曲线方程.</td></tr>
<tr><td colspan="7">作业解答</td></tr>
<tr><td>2</td><td colspan="6">计算下列积分
(1) $\int\left(x^3+3^x+\frac{3}{x}+3\right)dx$;　(2) $\int\frac{2^x-5^x}{3^x}dx$;
(3) $\int\frac{1+2x^2}{x^2(1+x^2)}dx$;　(4) $\int\frac{\cos 2x}{\cos x-\sin x}dx$.</td></tr>
<tr><td colspan="7">作业解答</td></tr>
<tr><td rowspan="4">作业评价</td><td>班级</td><td></td><td>第　组</td><td>组长签名</td><td colspan="2"></td></tr>
<tr><td>学号</td><td></td><td>姓名</td><td colspan="3"></td></tr>
<tr><td>教师签字</td><td></td><td>教师评分</td><td></td><td>日期</td><td></td></tr>
<tr><td colspan="6">评语</td></tr>
</table>

作 业 单

<table>
<tr><td>学习领域</td><td colspan="3">土木工程应用数学</td></tr>
<tr><td>学习情境</td><td>土木工程专业中不规则几何图形的面积、体积等问题计算</td><td>学时</td><td>28</td></tr>
<tr><td>作业方式</td><td colspan="3">每人完成</td></tr>
<tr><td>3</td><td colspan="3">计算下列积分：
(1) $\int(1-3x)^{11}\mathrm{d}x$； (2) $\int\frac{x^2}{2+x^3}\mathrm{d}x$；
(3) $\int\frac{1}{\sqrt{x}(1+x)}\mathrm{d}x$； (4) $\int\frac{1}{x^2}\cos\frac{1}{x}\mathrm{d}x$.</td></tr>
<tr><td colspan="4">作业解答</td></tr>
</table>

<table>
<tr><td rowspan="4">作业评价</td><td>班级</td><td></td><td>第 组</td><td>组长签名</td><td colspan="2"></td></tr>
<tr><td>学号</td><td></td><td>姓名</td><td colspan="3"></td></tr>
<tr><td>教师签字</td><td></td><td>教师评分</td><td></td><td>日期</td><td></td></tr>
<tr><td colspan="6">评语</td></tr>
</table>

作　业　单

学习领域	土木工程应用数学		
学习情境	土木工程专业中不规则几何图形的面积、体积等问题计算	学时	28
作业方式	每人完成		
4	计算下列积分： (1) $\int \frac{1}{x\ln x}dx$；　(2) $\int e^x\sqrt{e^x+2}dx$； (3) $\int \frac{\sin x}{1+\cos x}dx$；　(4) $\int \frac{1}{1+\sin x}dx$.		

作业解答

作业评价	班级		第　组	组长签名		
	学号		姓名			
	教师签字		教师评分		日期	
	评语					

作　业　单

<table>
<tr><td>学习领域</td><td colspan="3">土木工程应用数学</td></tr>
<tr><td>学习情境</td><td>土木工程专业中不规则几何图形的面积、体积等问题计算</td><td>学时</td><td>28</td></tr>
<tr><td>作业方式</td><td colspan="3">每人完成</td></tr>
<tr><td>5</td><td colspan="3">计算下列积分：
(1) $\int \frac{1}{1-\sqrt{2x+1}}\mathrm{d}x$；　(2) $\int \frac{1}{2+\sqrt{x-1}}\mathrm{d}x$.</td></tr>
<tr><td colspan="4">作业解答</td></tr>
</table>

<table>
<tr><td rowspan="4">作业评价</td><td>班级</td><td></td><td>第　组</td><td>组长签名</td><td></td></tr>
<tr><td>学号</td><td></td><td>姓名</td><td colspan="2"></td></tr>
<tr><td>教师签字</td><td></td><td>教师评分</td><td></td><td>日期</td></tr>
<tr><td colspan="5">评语</td></tr>
</table>

作　业　单

<table>
<tr><td>学习领域</td><td colspan="3">土木工程应用数学</td></tr>
<tr><td>学习情境</td><td>土木工程专业中不规则几何图形的面积、体积等问题计算</td><td>学时</td><td>28</td></tr>
<tr><td>作业方式</td><td colspan="3">每人完成</td></tr>
<tr><td>6</td><td colspan="3">计算下列积分：
(1) $\int xe^{-2x}dx$；　(2) $\int x\sin 5x dx$；
(3) $\int x\ln x dx$；　(4) $\int x\arctan x dx$.</td></tr>
<tr><td colspan="4">作业解答</td></tr>
</table>

<table>
<tr><td rowspan="4">作业评价</td><td>班级</td><td></td><td>第　组</td><td>组长签名</td><td colspan="2"></td></tr>
<tr><td>学号</td><td></td><td>姓名</td><td colspan="3"></td></tr>
<tr><td>教师签字</td><td></td><td>教师评分</td><td></td><td>日期</td><td></td></tr>
<tr><td colspan="6">评语</td></tr>
</table>

作 业 单

<table>
<tr><td>学习领域</td><td colspan="3">土木工程应用数学</td></tr>
<tr><td>学习情境</td><td>土木工程专业中不规则几何图形的面积、体积等问题计算</td><td>学时</td><td>28</td></tr>
<tr><td>作业方式</td><td colspan="3">每人完成</td></tr>
<tr><td>7</td><td colspan="3">不经计算比较下列积分的大小：
(1) $\int_0^1 x^2 dx$ 与 $\int_0^1 x^3 dx$；　(2) $\int_1^e (\ln x)^2 dx$ 与 $\int_1^e \ln x dx$；　(3) $\int_0^\pi \sin x dx$ 与 $\int_0^\pi \cos x dx$.</td></tr>
<tr><td colspan="4">作业解答</td></tr>
<tr><td>8</td><td colspan="3">说明下列积分的几何意义，并指出它的值：
(1) $\int_0^1 (x+1) dx$；　(2) $\int_{-r}^{r} \sqrt{r^2 - x^2} dx$；　(3) $\int_{-\pi}^{\pi} \sin x dx$.</td></tr>
<tr><td colspan="4">作业解答</td></tr>
</table>

<table>
<tr><td rowspan="4">作业评价</td><td>班级</td><td></td><td>第　组</td><td>组长签名</td><td colspan="2"></td></tr>
<tr><td>学号</td><td></td><td>姓名</td><td colspan="3"></td></tr>
<tr><td>教师签字</td><td></td><td>教师评分</td><td></td><td>日期</td><td></td></tr>
<tr><td colspan="6">评语</td></tr>
</table>

作　业　单

<table>
<tr><td>学习领域</td><td colspan="3">土木工程应用数学</td></tr>
<tr><td>学习情境</td><td>土木工程专业中不规则几何图形的面积、体积等问题计算</td><td>学时</td><td>28</td></tr>
<tr><td>作业方式</td><td colspan="3">每人完成</td></tr>
<tr><td>9</td><td colspan="3">计算下列定积分：
(1) $\int_{-1}^{1}\frac{1}{1+x^2}dx$；　(2) $\int_{0}^{1}(2-3\cos x)dx$；　(3) $\int_{0}^{1}(2x-1)^{100}dx$；
(4) $\int_{1}^{e}\frac{\ln x}{x}dx$；　(5) 设 $f(x)=\begin{cases}x+1 & \text{当} x\geqslant 0\\ e^{-x} & \text{当} x<0\end{cases}$，求 $\int_{-1}^{2}f(x)dx$.</td></tr>
<tr><td colspan="4">作业解答</td></tr>
</table>

<table>
<tr><td rowspan="4">作业评价</td><td>班级</td><td></td><td>第　组</td><td>组长签名</td><td colspan="2"></td></tr>
<tr><td>学号</td><td></td><td>姓名</td><td colspan="3"></td></tr>
<tr><td>教师签字</td><td></td><td>教师评分</td><td></td><td>日期</td><td></td></tr>
<tr><td colspan="6">评语</td></tr>
</table>

作 业 单

<table>
<tr><td>学习领域</td><td colspan="3">土木工程应用数学</td></tr>
<tr><td>学习情境</td><td>土木工程专业中不规则几何图形的面积、体积等问题计算</td><td>学时</td><td>28</td></tr>
<tr><td>作业方式</td><td colspan="3">每人完成</td></tr>
<tr><td>10</td><td colspan="3">计算下列定积分：
(1) $\int_0^1 xe^{-x^2}dx$;　(2) $\int_0^{\frac{\pi}{2}} \sin^3 x\cos x dx$;　(3) $\int_{-1}^1 \frac{x}{\sqrt{5-4x}}dx$.</td></tr>
<tr><td colspan="4">作业解答</td></tr>
</table>

<table>
<tr><td rowspan="4">作业评价</td><td>班级</td><td></td><td>第　组</td><td>组长签名</td><td colspan="2"></td></tr>
<tr><td>学号</td><td></td><td>姓名</td><td colspan="3"></td></tr>
<tr><td>教师签字</td><td></td><td>教师评分</td><td></td><td>日期</td><td></td></tr>
<tr><td colspan="6">评语</td></tr>
</table>

作 业 单

<table>
<tr><td>学习领域</td><td colspan="3">土木工程应用数学</td></tr>
<tr><td>学习情境</td><td>土木工程专业中不规则几何图形的面积、体积等问题计算</td><td>学时</td><td>28</td></tr>
<tr><td>作业方式</td><td colspan="3">每人完成</td></tr>
<tr><td>11</td><td colspan="3">计算下列定积分：
(1) $\int_0^{\pi} x\cos x\mathrm{d}x$；　(2) $\int_1^{e} x\ln x\mathrm{d}x$；　(3) $\int_0^1 \ln(x+\sqrt{x^2+1})\mathrm{d}x$.</td></tr>
<tr><td colspan="4">作业解答</td></tr>
</table>

<table>
<tr><td rowspan="4">作业评价</td><td>班级</td><td></td><td>第　组</td><td>组长签名</td><td colspan="2"></td></tr>
<tr><td>学号</td><td></td><td>姓名</td><td colspan="3"></td></tr>
<tr><td>教师签字</td><td></td><td>教师评分</td><td></td><td>日期</td><td></td></tr>
<tr><td colspan="6">评语</td></tr>
</table>

作　业　单

学习领域	土木工程应用数学		
学习情境	土木工程专业中不规则几何图形的面积、体积等问题计算	学时	28
作业方式	每人完成		
12	求由抛物线 $y = x^2$ 与直线 $y = 2x$ 围成图形的面积．		
作业解答			
13	求由抛物线 $y^2 = 2x$ 与直线 $y = x - 4$ 所围成图形的面积．		
作业解答			

作业评价	班级		第　组	组长签名		
	学号		姓名			
	教师签字		教师评分		日期	
	评语					

作 业 单

<table>
<tr><td>学习领域</td><td colspan="3">土木工程应用数学</td></tr>
<tr><td>学习情境</td><td>土木工程专业中不规则几何图形的面积、体积等问题计算</td><td>学时</td><td>28</td></tr>
<tr><td>作业方式</td><td colspan="3">每人完成</td></tr>
<tr><td>14</td><td colspan="3">[游泳池的表面积]
某设计师用 CAD(Computer Assisted Design,计算机辅助设计)设计一游泳池,游泳池的表面两端是由两条曲线 $y=0.5x^2-4x$ 及 $y=-0.5x^2+4x+5$ 围成,侧边由直线 $x=0$ 及 $x=8$ 围成,求游泳池的面积.</td></tr>
<tr><td colspan="4">作业解答</td></tr>
</table>

<table>
<tr><td rowspan="4">作业评价</td><td>班级</td><td></td><td>第　组</td><td>组长签名</td><td colspan="2"></td></tr>
<tr><td>学号</td><td></td><td>姓名</td><td colspan="3"></td></tr>
<tr><td>教师签字</td><td></td><td>教师评分</td><td></td><td>日期</td><td></td></tr>
<tr><td colspan="6">评语</td></tr>
</table>

 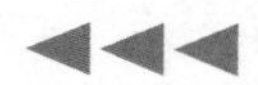

作　业　单

<table>
<tr><td>学习领域</td><td colspan="3">土木工程应用数学</td></tr>
<tr><td>学习情境</td><td>土木工程专业中不规则几何图形的面积、体积等问题计算</td><td>学时</td><td>28</td></tr>
<tr><td>作业方式</td><td colspan="3">每人完成</td></tr>
<tr><td>15</td><td colspan="3">求椭圆$\frac{x^2}{a^2}+\frac{y^2}{b^2}=1$，绕 y 轴旋转而成的旋转体的体积.</td></tr>
<tr><td colspan="4">作业解答</td></tr>
<tr><td>16</td><td colspan="3">求由曲线 $y=x$ 和 $y=x^2$ 围成的图形绕 x 轴旋转所成旋转体的体积.</td></tr>
<tr><td colspan="4">作业解答</td></tr>
</table>

<table>
<tr><td rowspan="4">作业评价</td><td>班级</td><td></td><td>第　组</td><td>组长签名</td><td colspan="2"></td></tr>
<tr><td>学号</td><td></td><td>姓名</td><td colspan="3"></td></tr>
<tr><td>教师签字</td><td></td><td>教师评分</td><td></td><td>日期</td><td></td></tr>
<tr><td colspan="6">评语</td></tr>
</table>

作业单

<table>
<tr><td>学习领域</td><td colspan="3">土木工程应用数学</td></tr>
<tr><td>学习情境</td><td>土木工程专业中不规则几何图形的面积、体积等问题计算</td><td>学时</td><td>28</td></tr>
<tr><td>作业方式</td><td colspan="3">每人完成</td></tr>
<tr><td>17</td><td colspan="3">[花坛的体积]
为了美化松花江两岸，在岸边放置了许多花坛，花坛的形状各具特色，其中有一种花坛的形状设计成由双曲线$\frac{x^2}{4}-\frac{y^2}{25}=1$与直线$y=\pm5$绕$y$轴旋转而成，求该花坛的体积.</td></tr>
<tr><td colspan="4">作业解答</td></tr>
</table>

<table>
<tr><td rowspan="4">作业评价</td><td>班级</td><td></td><td>第　组</td><td>组长签名</td><td colspan="2"></td></tr>
<tr><td>学号</td><td></td><td>姓名</td><td colspan="3"></td></tr>
<tr><td>教师签字</td><td></td><td>教师评分</td><td></td><td>日期</td><td></td></tr>
<tr><td colspan="6">评语</td></tr>
</table>

作 业 单

<table>
<tr><td>学习领域</td><td colspan="5">土木工程应用数学</td></tr>
<tr><td>学习情境</td><td colspan="3">土木工程专业中不规则几何图形的面积、体积等问题计算</td><td>学时</td><td>28</td></tr>
<tr><td>作业方式</td><td colspan="5">每人完成</td></tr>
<tr><td>18</td><td colspan="5">一汽车按$\begin{cases}x=e^t\cos\sqrt{15}t\\y=e^t\sin\sqrt{15}t\end{cases}$($t$ 单位为 s,l 单位为 m)方程轨迹运行,求汽车从 $t=0$s 到 $t=1$s 所运行的距离.</td></tr>
<tr><td colspan="6">作业解答</td></tr>
<tr><td rowspan="4">作业评价</td><td>班级</td><td></td><td>第 组</td><td>组长签名</td><td></td></tr>
<tr><td>学号</td><td></td><td>姓名</td><td colspan="2"></td></tr>
<tr><td>教师签字</td><td></td><td>教师评分</td><td></td><td>日期 </td></tr>
<tr><td colspan="5">评语</td></tr>
</table>

作 业 单

<table>
<tr><td>学习领域</td><td colspan="3">土木工程应用数学</td></tr>
<tr><td>学习情境</td><td>土木工程专业中不规则几何图形的面积、体积等问题计算</td><td>学时</td><td>28</td></tr>
<tr><td>作业方式</td><td colspan="3">每人完成</td></tr>
<tr><td>19</td><td colspan="3">某水渠的闸门与水面垂直，横截面为等腰梯形，下底长为 2m，上底长为 6m，高为 10m，当水渠水满时求闸门所受的水压力 .</td></tr>
<tr><td colspan="4">作业解答</td></tr>
</table>

<table>
<tr><td rowspan="4">作业评价</td><td>班级</td><td></td><td>第 组</td><td>组长签名</td><td colspan="2"></td></tr>
<tr><td>学号</td><td></td><td>姓名</td><td colspan="3"></td></tr>
<tr><td>教师签字</td><td></td><td>教师评分</td><td></td><td>日期</td><td></td></tr>
<tr><td colspan="6">评语</td></tr>
</table>

作　业　单

<table>
<tr><td>学习领域</td><td colspan="3">土木工程应用数学</td></tr>
<tr><td>学习情境</td><td>土木工程专业中不规则几何图形的面积、体积等问题计算</td><td>学时</td><td>28</td></tr>
<tr><td>作业方式</td><td colspan="3">每人完成</td></tr>
<tr><td>20</td><td colspan="3">用一把铁锤将一枚铁钉击入木板，设木板对铁钉的阻力与铁钉击入木板的深度成正比，在击第一次时，将铁钉击入木板 1cm，如铁锤每次击打铁钉所做的功相等，问第二次击打铁钉，铁钉又击入多少？若铁钉击入木板 5cm，问需打击多少下？</td></tr>
<tr><td colspan="4">作业解答</td></tr>
</table>

<table>
<tr><td rowspan="4">作业评价</td><td>班级</td><td></td><td>第　组</td><td>组长签名</td><td colspan="2"></td></tr>
<tr><td>学号</td><td></td><td>姓名</td><td colspan="3"></td></tr>
<tr><td>教师签字</td><td></td><td>教师评分</td><td></td><td>日期</td><td></td></tr>
<tr><td colspan="6">评语</td></tr>
</table>

作 业 单

学习领域	土木工程应用数学		
学习情境	土木工程专业中不规则几何图形的面积、体积等问题计算	学时	28
作业方式	每人完成		
21	计算下列广义积分： (1) $\int_1^{\infty}\frac{1}{x^3}dx$；　(2) k 为何值时，$\int_e^{\infty}\frac{1}{x(\ln x)^k}dx$；收敛？又何时发散？		

作业解答

作业评价	班级		第　组	组长签名		
	学号		姓名			
	教师签字		教师评分		日期	
	评语					

检　查　单

<table>
<tr><td>学习领域</td><td colspan="5">土木工程应用数学</td></tr>
<tr><td>学习情境</td><td colspan="3">土木工程专业中不规则图形的面积、体积等问题计算</td><td>学时</td><td>28</td></tr>
<tr><td>序号</td><td>检查项目</td><td colspan="2">检查标准</td><td>学生自检</td><td>教师检查</td></tr>
<tr><td>1</td><td>不定积分的概念、微分与不定积分关系</td><td colspan="2">概念理解正确，微分与不定积分关系清楚</td><td></td><td></td></tr>
<tr><td>2</td><td>不定积分的基本公式及运算法则</td><td colspan="2">基本公式与法则记忆准确，并会应用</td><td></td><td></td></tr>
<tr><td>3</td><td>不定积分的计算方法</td><td colspan="2">不定积分的方法选择适当，计算准确，书写规范</td><td></td><td></td></tr>
<tr><td>4</td><td>定积分的概念、性质及几何意义</td><td colspan="2">概念及性质理解正确，几何意义明确</td><td></td><td></td></tr>
<tr><td>5</td><td>定积分的计算</td><td colspan="2">牛顿－莱布尼茨公式理解正确，会用公式计算定积分，积分的方法选择适当</td><td></td><td></td></tr>
<tr><td>6</td><td>平面图形的面积</td><td colspan="2">作图准确，积分限选择正确，书写规范，计算准确</td><td></td><td></td></tr>
<tr><td>7</td><td>立体的体积</td><td colspan="2">书写规范，计算准确</td><td></td><td></td></tr>
<tr><td>8</td><td>曲线的弧长</td><td colspan="2">公式使用准确，书写规范</td><td></td><td></td></tr>
<tr><td>9</td><td>广义积分</td><td colspan="2">书写规范，计算准确</td><td></td><td></td></tr>
<tr><td rowspan="3">检查评价</td><td>班级</td><td></td><td>第　组</td><td>组长签名</td><td></td></tr>
<tr><td>教师签字</td><td colspan="2"></td><td>日期</td><td></td></tr>
<tr><td colspan="5">评语</td></tr>
</table>

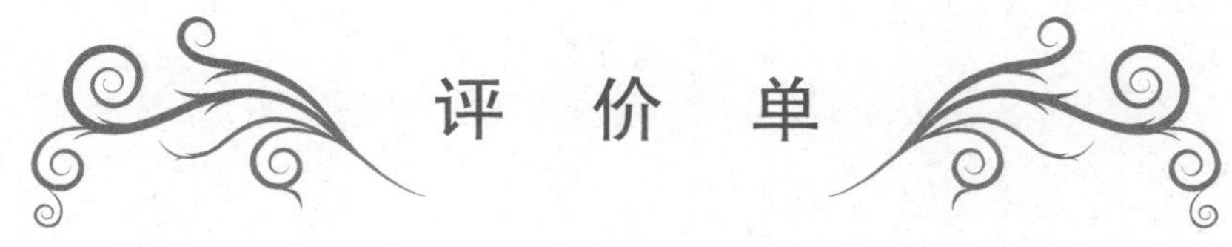

评　价　单

<table>
<tr><td>学习领域</td><td colspan="5">土木工程应用数学</td></tr>
<tr><td>学习情境</td><td colspan="3">土木工程专业中不规则图形的面积、体积等问题计算</td><td>学时</td><td>28</td></tr>
<tr><td>评价类别</td><td>项目</td><td>子项目</td><td>个人评价</td><td>组内评价</td><td>教师评价</td></tr>
<tr><td rowspan="11">专业能力
60%</td><td rowspan="3">资讯 16%</td><td>搜集资讯 4%</td><td></td><td></td><td></td></tr>
<tr><td>信息学习 8%</td><td></td><td></td><td></td></tr>
<tr><td>引导问题回答 4%</td><td></td><td></td><td></td></tr>
<tr><td>实施 14%</td><td>学习步骤执行 14%</td><td></td><td></td><td></td></tr>
<tr><td rowspan="2">检查 8%</td><td>公式掌握 3%</td><td></td><td></td><td></td></tr>
<tr><td>计算准确 5%</td><td></td><td></td><td></td></tr>
<tr><td rowspan="2">过程 10%</td><td>公式使用准确 5%</td><td></td><td></td><td></td></tr>
<tr><td>方法选择得当 5%</td><td></td><td></td><td></td></tr>
<tr><td>结果 5%</td><td>结果正确 5%</td><td></td><td></td><td></td></tr>
<tr><td>作业 7%</td><td>完成质量 7%</td><td></td><td></td><td></td></tr>
<tr><td rowspan="2">社会能力
20%</td><td>团结协作 10%</td><td>小组配合 10%</td><td></td><td></td><td></td></tr>
<tr><td>敬业精神 10%</td><td>学习纪律性 10%</td><td></td><td></td><td></td></tr>
<tr><td rowspan="2">方法能力
20%</td><td>计划能力 10%</td><td></td><td></td><td></td><td></td></tr>
<tr><td>决策能力 10%</td><td></td><td></td><td></td><td></td></tr>
<tr><td rowspan="3">评价评语</td><td colspan="5">班级 |　| 姓名 |　| 学号 |　| 总评 |　</td></tr>
<tr><td colspan="5">教师签字 |　| 第　组 |　| 组长签字 |　| 日期 |　</td></tr>
<tr><td colspan="5">评语</td></tr>
</table>

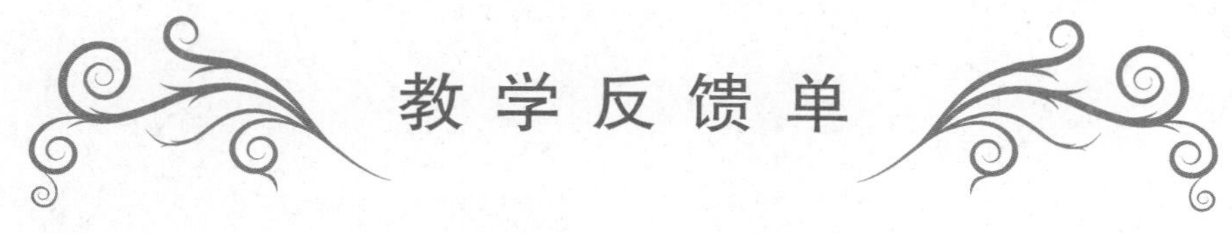

教学反馈单

学习领域	土木工程应用数学			
学习情境	土木工程专业中不规则图形的面积、体积问题计算	学时		28
序号	调查内容	是	否	理由陈述
1	对不定积分与定积分的概念及性质是否了解?			
2	是否了解不定积分与定积分的几何意义?			
3	是否掌握微分与不定积分的关系?			
4	对不定积分的基本公式及运算法则是否熟练掌握?			
5	对不定积分的计算方法(如:凑微分法及分部积分法)是否熟练掌握?			
6	是否了解牛顿-莱布尼茨公式?是否会用公式计算定积分?是否会利用第二类换元法计算定积分?			
7	是否能利用定积分的知识解决工程技术及实际生活中不规则几何体的面积与体积问题?			
8	是否会求广义积分?			
9	你对此学习情境的教学方式与方法满意吗?			
10	你对本学习小组内的同学间相互配合满意吗?			
你对当前采用的教学方式方法还有什么意见与建议,欢迎提出来,我们将非常感谢.				
调查信息	被调查人签名		调查时间	

学习情境 4

工程技术中梁的挠度、物体温度变化等实际问题的计算

任　务　单

<table>
<tr><td>学习领域</td><td colspan="4">土木工程应用数学</td></tr>
<tr><td>学习情境</td><td colspan="2">工程技术中梁的挠度、物体温度变化等实际问题的计算</td><td>学时</td><td>10</td></tr>
<tr><td colspan="5">布 置 任 务</td></tr>
<tr><td>学习目标</td><td colspan="4">1. 理解微分方程的概念 .
2. 熟练掌握可分离变量的微分方程的解法 .
3. 熟练掌握一阶线性非齐次微分方程的解法 .
4. 熟练掌握二阶可降阶及二阶线性常系数齐次微分方程的解法 .
5. 了解二阶线性常系数非齐次微分方程的解法 .
6. 能利用微分方程的知识解决工程技术中梁的挠度、物体温度的变化等问题 .</td></tr>
<tr><td>任务阐述</td><td colspan="4">1. 通过对微分方程概念的学习，理解微分方程的定义 .
2. 通过一阶线性非齐次微分方程的解法，掌握微分方程的特殊解法——常数变易法 .
3. 通过二阶线性常系数齐次微分方程的解法，掌握特征根与通解的关系 .
4. 通过对梁的挠度的计算，掌握土木工程专业中梁的挠度、物体温度的变化等实际问题的解决方法 .</td></tr>
<tr><td rowspan="2">学习安排</td><td>资讯</td><td>实施</td><td>检查</td><td>评价</td></tr>
<tr><td>4 学时</td><td>4 学时</td><td>1 学时</td><td>1 学时</td></tr>
<tr><td>学习参考资料</td><td colspan="4">1. 梁弘主编《高等数学》.
2. 侯兰茹主编《高等数学》.
3. 同济大学主编《高等数学》.
4. 侯风波主编《应用数学》.</td></tr>
<tr><td>对学生的要求</td><td colspan="4">1. 学习态度端正，积极主动参与小组学习，主动练习 .
2. 理解微分方程的基本概念，能熟练掌握可分离变量的微分方程、一阶线性非齐次微分方程、二阶可降阶、二阶线性常系数齐次微分方程的解法；能利用微分方程的知识解决工程技术中梁的挠度、物体温度的变化等问题 .
3. 认真查找相关资料，解决学习中出现的问题，以小组的形式完成任务 .
4. 认真完成作业，并将作业列入考核成绩中 .</td></tr>
</table>

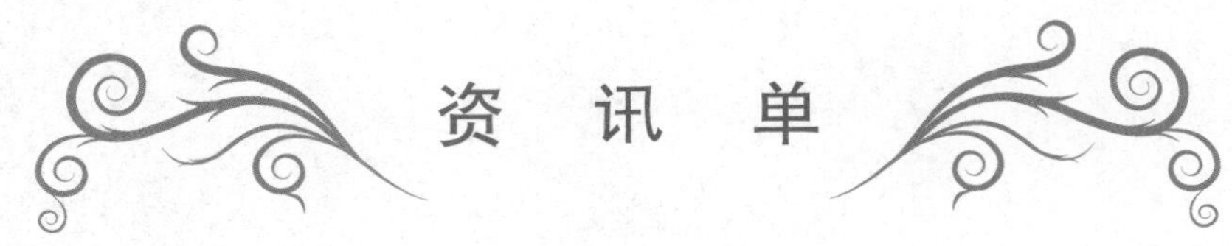

资 讯 单

<table>
<tr><td>学习领域</td><td colspan="3">土木工程应用数学</td></tr>
<tr><td>学习情境</td><td>工程技术中梁的挠度、物体温度变化等实际问题的计算</td><td>学时</td><td>10</td></tr>
<tr><td>资讯方式</td><td colspan="3">学生根据教师给出的资讯引导及讲解进行解答</td></tr>
<tr><td>资讯问题</td><td colspan="3">1. 微分方程的定义．微分方程的阶．微分方程的通解与特解．
2. 一阶线性非齐次微分方程的通解公式．
3. 二阶可降阶微分方程的替换解法．
4. 二阶线性常系数齐次微分方程的特征根的形式与通解．
5. 如何利用微分方程解决工程技术中梁的挠度、温度的变化等实际问题？</td></tr>
<tr><td>资讯引导</td><td colspan="3">1. 侯兰茹主编《高等数学》.
2. 梁弘主编《高等数学基础》.
3. 同济大学主编《高等数学》.
4. 侯风波主编《应用数学》.</td></tr>
</table>

4.1　微分方程的基本概念

4.1.1　微分方程的定义

除了含有自变量及自变量的未知函数外，还含有未知函数的微分或导数的方程称**微分方程**．记为 $F(x,y,y',y'',\cdots,y^{(n)})=0$（其中 (n) 为方程的阶数）．

4.1.2　微分方程的解

如果函数为 $y=\phi(x)$ 满足方程 $F(x,y,y',y'',\cdots,y^{(n)})=0$，则称函数 $y=\phi(x)$ 为**方程的解**．

(1) 如果函数为 $y=\phi(x,C_1,C_2,\cdots,C_n)$ 满足方程 $F(x,y,y',y'',\cdots,y^{(n)})=0$，则称函数 $y=\phi(x,C_1,C_2,\cdots,C_n)$ 为方程的**通解**（其中 $C_1,C_2,\cdots,C_n$ 为 n 个相互独立的任意常数）．

通解表示具有某种共同属性的积分曲线族．

(2) 如果函数为 $y=\phi(x,C'_1,C'_2,\cdots,C'_n)$ 满足方程 $F(x,y,y',y'',\cdots,y^{(n)})=0$，则称函数 $y=\phi(x,C'_1,C'_2,\cdots,C'_n)$ 为方程的**特解**（其中 $C'_1,C'_2,\cdots,C'_n$ 为确定的常数）．

它表示积分曲线族中满足特定条件的一条积分曲线．

4.1.3　初始条件

在通解中按某种附加条件求出特解的附加条件称**初始条件**．

案例 4.1

【曲线方程】

设一曲线经过点(1,2)，且该曲线上任意点 $M(x,y)$ 处的切线斜率为 $3x^2$，求此曲线的方程．

【案例解答】

解： 设所求曲线的方程为 $y=f(x)$，由导数的几何意义，$y=f(x)$ 满足关系式

$$\frac{dy}{dx}=3x^2 \text{ 或 } dy=3x^2dx \qquad ①$$

又因为曲线经过点(1,2)，即 $y=f(x)$ 满足

$$y\Big|_{x=1}=2 \qquad ②$$

对关系式①两边积分，得 $y=\int 3x^2dx=x^3+C$（C 为任意常数）　③

将条件②代入关系式③中，解得 $C=1$，将 $C=1$ 代入式③得所求曲线方程为 $y=x^3+1$.

在式③中，当 C 取任意值时，式③的图形为（见图 4－1）一族曲线．

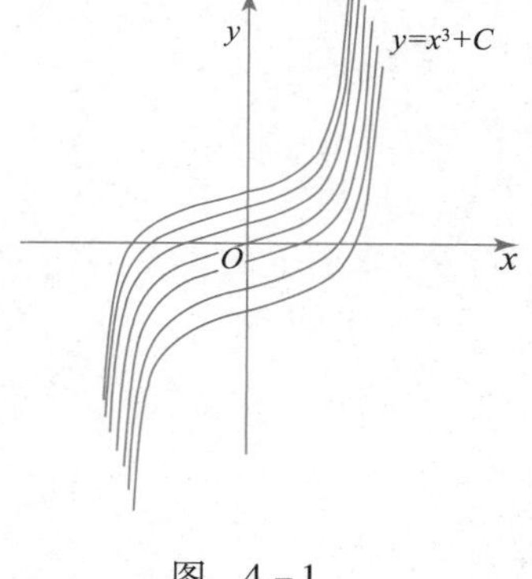

图　4－1

4.2　可分离变量的微分方程

形如：$\frac{dy}{dx}=\frac{f(x)}{g(y)}$ 或 $f(x)dx=g(y)dy$ 的一阶微分方程称**可分离变量的微分方程**．

解法： 将方程分离变量 $f(x)dx=g(y)dy$ 两边同时积分

$$\int f(x)dx=\int g(y)dy$$

即得通解．

案例 4.2

求微分方程 $\frac{dy}{dx}=e^{x+y}$ 的通解．

【案例解答】

将方程分离变量，得 $e^{-y}dy=e^xdx$

两边积分，得 $-e^{-y}=e^x-C$，即方程的通解为 $e^{-y}+e^x=C$.

案例 4.3

求微分方程 $\frac{dy}{dx}=-\frac{x}{y^2}$ 的通解，并求满足条件 $y\Big|_{x=2}=0$ 的特解．

【案例解答】

分离变量，得 $y^2\mathrm{d}y=-x\mathrm{d}x$. 两边积分，得通解

$$\frac{1}{3}y^3=-\frac{1}{2}x^2+C$$

将条件 $y\big|_{x=2}=0$ 代入通解中，得 $C=2$，于是满足条件的特解为

$$\frac{1}{3}y^3=-\frac{1}{2}x^2+2.$$

案例 4.4

【落体问题】

一质量为 m 的物体，从某高处静止下落，所受空气的阻力与速度成正比，比例系数为 k，求物体下落过程中速度与时间的关系.

【案例解答】

由牛顿第二定律 $\boldsymbol{F}-\boldsymbol{F}_f=ma$，其中 $\boldsymbol{F}$ 为物体重力 $\boldsymbol{F}=mg$，$\boldsymbol{F}_f$ 为空气的阻力，为物体下落过程中的速度，由题意 $\boldsymbol{F}_f=kv$，a 为物体下落过程中的加速度 $a=\frac{\mathrm{d}v}{\mathrm{d}t}$，于是得微分方程 $mg-kv=m\frac{\mathrm{d}v}{\mathrm{d}t}$，且满足初始条件 $v\big|_{t=0}=0$.

将微分方程分离变量 $\frac{1}{mg-kv}\mathrm{d}v=\frac{1}{m}\mathrm{d}t$，两边积分得 $mg-kv=C\mathrm{e}^{-\frac{k}{m}}$，

由初始条件 $v\big|_{t=0}=0$，解得 $C=mg$，于是得 $v=\frac{mg}{k}(1-\mathrm{e}^{-\frac{k}{m}t})$.

显然当时间 t 足够大时，物体将作匀速运动.

案例 4.5

在某池塘内养鱼，该池塘内最多能养 1000 尾，设在 t 时刻该池塘内鱼数 y 是时间 t 的函数，$y=y(t)$，其变化率与鱼数 y 及 $1000-y$ 的乘积成正比，比例常数为 $k>0$，已知在池塘内放养鱼 100 尾，3 个月后池塘内有鱼 250 尾，求放养 7 个月后池塘内鱼数 $y(t)$ 的公式，放养 6 个月后池塘内有多少尾鱼？

【案例解答】

时间 t 以月为单位，依题意有微分方程 $\frac{\mathrm{d}y}{\mathrm{d}t}=ky(1000-y)$，其中初始条件是 $y\big|_{t=0}=100$，$y\big|_{t=3}=250$，显然方程$\frac{\mathrm{d}y}{\mathrm{d}t}=ky(1000-y)$是一阶可分离变量的微分方程，将方程分离变量 $\frac{1}{y(1000-y)}\mathrm{d}y=k\mathrm{d}t$，两边积分，得到 $\frac{y}{1000-y}=C\mathrm{e}^{1000kt}$，将 $t=0$，$y=100$ 代入，得 $C=\frac{1}{9}$，则 $\frac{y}{1000-y}=\frac{1}{9}\mathrm{e}^{1000kt}$，在将 $t=3$，$y=250$ 代入，求出 $k=\frac{\ln 3}{3000}$，于是 $y=\frac{1000\times 3^{\frac{t}{3}}}{9+3^{\frac{t}{3}}}$ 于是放养 t 个月后池塘内鱼数为 $y(t)=\frac{1000\times 3^{\frac{t}{3}}}{9+3^{\frac{t}{3}}}$（尾）.

答：放养 6 个月后池塘内的鱼数为 $y(6)=500$ 尾.

4.3 一阶线性微分方程

形如：

$$y'+p(x)y=Q(x) \qquad ①$$

的方程称为**一阶线性齐次微分方程**. 其中 $p(x)$ 和 $Q(x)$ 是已知连续函数，当 $Q(x)\equiv 0$ 时方程

$$y'+p(x)y=0 \qquad ②$$

为**一阶线性齐次微分方程**.

解法：一阶线性齐次微分方程的解法——常数变易法.

先求一阶线性齐次微分方程②的通解，显然方程②是一个可分离变量的微分方程.

于是将方程②分离变量，有$\frac{\mathrm{d}y}{y}=p(x)\mathrm{d}x$，两边积分，得

$$\ln y=-\int p(x)\mathrm{d}x+\ln C$$

故一阶线性齐次微分方程②的通解为

$$y = Ce^{-\int p(x)\mathrm{d}x} \quad ③$$

由于方程①的解包含了方程②的解，而解③无论 C 取何值都不是方程①的解．于是将任意常数 C 的范围扩大到 x 的函数 $C(x)$，此时解③的形式为

$$y = C(x)e^{-\int p(x)\mathrm{d}x} \quad ④$$

假设解④为方程①的解，则解④应满足方程①，对解④求导

得
$$y' = C'(x)e^{-\int p(x)\mathrm{d}x} + C(x)\left[-p(x)e^{-\int p(x)\mathrm{d}x}\right] \quad ⑤$$

将解④与式⑤代入方程①中，得

$$C'(x)e^{-\int p(x)\mathrm{d}x} + C(x)\left[-p(x)e^{-\int p(x)\mathrm{d}x}\right] + p(x)C(x)e^{-\int p(x)\mathrm{d}x} = Q(x)$$

整理得　$C'(x)e^{-\int p(x)\mathrm{d}x} = Q(x)$ 即　$C'(x) = e^{\int p(x)\mathrm{d}x}Q(x)$

积分可得
$$C(x) = \int Q(x)e^{\int p(x)\mathrm{d}x}\mathrm{d}x + C$$

将 $C(x)$ 代入解④中，得

$$y = e^{-\int p(x)\mathrm{d}x}\int Q(x)e^{\int p(x)\mathrm{d}x}\mathrm{d}x + C \quad ⑥$$

可以验证式⑥是一阶线性非微分方程的通解．

一阶线性非齐次微分方程的通解公式为

$$y = e^{-\int p(x)\mathrm{d}x}\left[\int Q(x)e^{\int p(x)\mathrm{d}x}\mathrm{d}x + C\right].$$

上述通过把一阶性齐次微分方程通解中的任意常数 C 变易为待定的函数 $C(x)$，然后求出一阶性非齐次微分方程通解的方法，称为**常数变易法**．

案例 4.6

求微分方程 $y' - \dfrac{y}{x} = -x^2$ 的通解．

【案例解答】

解 1：（公式法）

由方程 $y' - \dfrac{y}{x} = -x^2$ 可知 $P(x) = -\dfrac{1}{x}, Q(x) = -x^2$

把 $P(x), Q(x)$ 代入通解公式 $y = e^{-\int P(x)\mathrm{d}x}\left[\int Q(x)e^{\int P(x)\mathrm{d}x}\mathrm{d}x + C\right]$ 中，

得通解为
$$\begin{aligned} y &= e^{-\int(-\frac{1}{x})\mathrm{d}x}\left[\int(-x^2)e^{\int(-\frac{1}{x})\mathrm{d}x}\mathrm{d}x + C\right] \\ &= e^{\ln x}\left[\int(-x^2)e^{-\ln x}\mathrm{d}x + C\right] \\ &= x\left[\int(-x)\mathrm{d}x + C\right] = Cx - \frac{1}{2}x^3 \end{aligned}$$

即通解为
$$y = \left(-\frac{1}{2}x^2 + C\right)x.$$

解 2：（常数变易法）

首先用分离变量法求出对应的齐次方程 $y' - \dfrac{y}{x} = 0$ 的通解，将方程分离变量得 $\dfrac{\mathrm{d}y}{y} = \dfrac{\mathrm{d}x}{x}$，两边积分得

$$\ln y = \ln x + \ln C$$

于是对应的齐次方程的通解为 $y = Cx$，然后用常数变易法．设原方程的通解为 $y = C(x)x$，求导得

$$y' = C'(x)x + C(x).$$

将 y 及 y' 其代入原方程并化简，得 $C'(x) = -x$，

再积分得 $C(x)=-\frac{1}{2}x^2+C$. 将其代入到 $y=Cx$ 中,

于是原方程的通解为 $y=\left(-\frac{1}{2}x^2+C\right)x$.

案例 4.7

求微分方程 $y'+\frac{y}{x}=\frac{\sin x}{x}$满足条件 $y\Big|_{x=\pi}=1$ 的特解.

【案例解答】

解:(公式法)把 $P(x)=\frac{1}{x}$,

$Q(x)=\frac{\sin x}{x}$代入通解公式 $y=e^{-\int P(x)dx}\left[\int Q(x)e^{\int P(x)dx}dx+C\right]$ 中,

得通解为
$$y=e^{-\int\frac{1}{x}dx}\left[\int\frac{\sin x}{x}e^{\int\frac{1}{x}dx}dx+C\right]=e^{-\ln x}\left[\int\frac{\sin x}{x}e^{\ln x}dx+C\right]$$
$$=\frac{1}{x}\left[\int\sin x dx+C\right]=\frac{1}{x}[-\cos x+C]$$

将初始条件 $y\Big|_{x=\pi}=1$ 代入得 $C=\pi-1$,代回通解中,

得原方程的特解为
$$y=\frac{1}{x}(-\cos x+\pi-1).$$

案例 4.8

"牛顿冷却定律指出,物体的温度对时间的变化率正比于该物体同外界温之差"

将实验室刚刚作好的一个构件模型在20min 内从80℃冷却到60℃,求在40min 时构件模型的温度(如果外界温度是不变的20℃).

【案例解答】

解:设 U 为 $t$min 后构件模型的温度,

则$\frac{dU}{dt}=k(U-20)$. 由一阶线性非齐次微分方程的通解公式,

解得 $U=20+ce^{kt}$,在 $t=0$ 时 $U=80$,

求得 $C=60$,则 $U=20+60e^{kt}$. 在 $t=20$ 时,$U=60$, 得 $e^k=\left(\frac{2}{3}\right)^{t/20}$,

因此 $U=20+60\left(\frac{2}{3}\right)^{t/20}$. 当 $t=40$ 时,$U=20+60\left(\frac{2}{3}\right)^2=46.7$℃.

所以在40min 时构件模型的温度 $U=46.7$℃.

案例 4.9

在某介质中一个192 磅重的物体在 $t=0$ 时由静止开始下落,介质阻力的大小等于瞬时速度的2 倍,求物体在任何时刻($t>0$)的速度 v 和行经的距离 x;极限速度.

【案例解答】

解:选取向下的方向为正方向. 净力 = 重量 - 阻力,由牛顿定律有
$$\frac{192}{g}\frac{dv}{dt}=192-2v \quad 或 \quad \frac{dv}{dt}+\frac{2g}{192}v=g$$

由一阶线性非齐次微分方程的通解公式,解得
$$v=96+Ce^{\frac{-g}{96}t} \tag{⑦}$$

在初始条件当 $t=0$, $v=0$ 下解得
$$C=-96,\ v=96(1-e^{\frac{-gt}{96}}) \tag{⑧}$$

故物体在任何时刻($t>0$)的速度为: $v=96(1-e^{\frac{-gt}{96}})$.

以$\frac{dx}{dt}$代替⑧中的v，$\frac{dx}{dt}=96(1-e^{\frac{-gt}{96}})$，并利用初始条件：当$t=0$时，$x=0$.

得 $x=96\left(t+\frac{96}{g}e^{\frac{-gt}{96}}-\frac{96}{g}\right)$，

所以行经的距离 $x=96\left(t+\frac{96}{g}e^{\frac{-gt}{96}}-\frac{96}{g}\right)$.

又因为 $\lim\limits_{t\to\infty}v=\lim\limits_{t\to\infty}96(1-e^{\frac{-gt}{96}})=96$，

所以极限速度为 96m/s.

4.4 二阶微分方程

4.4.1 可降阶的二阶微分方程

1. 形如$y^{(n)}=f(x)$的n阶方程.

解法：逐次积分.

$$y^{(n-1)}=\int f(x)\mathrm{d}x+C_1,y^{(n-2)}=\int\left[\int f(x)\mathrm{d}x+C_1\right]\mathrm{d}x+C_2\cdots$$

案例4.10

求微分方程$y''=\frac{1}{1+x^2}$的通解.

【案例解答】

解：因为$y''=\frac{1}{1+x^2}$，积分一次得$y'=\arctan x+C_1$

再积分 得 $y=\int\arctan x\mathrm{d}x+C_1x=x\arctan x-\int x\mathrm{d}\arctan x+C_1x$

$$=x\arctan x-\int\frac{x}{1+x^2}\mathrm{d}x+C_1x=x\arctan x-\frac{1}{2\ln(1+x^2)}+C_1x+C_2$$

微分方程的通解为 $y=x\arctan x-\frac{1}{2\ln(1+x^2)}+C_1x+C_2$.

案例4.11

列车在平直轨道上以20m/s的速度行驶，当制动时，列车加速度为$-0.4\mathrm{m/s^2}$，求制动后列车的运动规律.

【案例解答】

解：列车开始制动后ts内行驶了Sm，按题意，制动后列车的运动规律为$S=S(t)$.

由已知列车加速度为$-0.4\mathrm{m/s^2}$，可得微分方程

$$\frac{\mathrm{d}^2S}{\mathrm{d}t^2}=-0.4 \quad ⑨$$

积分得

$$\frac{\mathrm{d}S}{\mathrm{d}t}=-0.4t+C_1 \quad ⑩$$

再积分一次得

$$S=-0.2t^2+C_1t+C_2. \quad ⑪$$

由已知 初速度为20m/s，即$S'(0)=V_0=20$，$S(0)=0$，代入③中，

得$C_1=20$，$C_2=0$代回式⑪中，

于是制动后列车的运动规律为 $S=-0.2t^2+20t$.

案例4.12

一长为L的梁两端是简单支架，如图4-2所示．若此梁每单位长的重量是常量W，求梁的(1)挠度；(2)最大挠度.

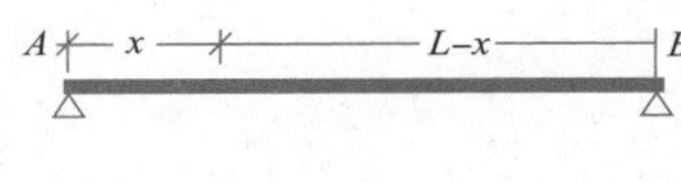

图 4-2

【案例分析】

挠曲线：梁在外力的作用下要发生变形，取梁的轴线为x轴，与轴线垂直且方向向下的为y轴．梁在力的

作用下将发生平面弯曲,梁的轴线由直线变成一条连续光滑的平面曲线 $y=f(x)$,此曲线称为梁的挠曲线.

梁的挠曲线近似微分方程 $EIy''=-M(x)$.(其中 EI 为抗弯刚度,$M(x)$ 为梁的弯矩).

梁的挠度:梁上任一横截面的形心在垂直于梁轴线方向的线位移,称为梁在该截面的挠度 y.

因此我们需要先求出梁在 x 处的弯距 $M(x)$,然后再解梁的挠曲线近似微分方程 $EIy''=-M(x)$ 即可求出梁的挠度.

【案例解答】

解:(1)梁的总重量是 WL,这样每一端支撑重量为$\frac{1}{2}WL$. 设 x 为离梁的左端 A 的距离. 为求在 x 处的弯距 M,考虑 x 左面的作用力.

①在 A 端处作用力$\frac{1}{2}WL$,有力矩 $-\left(\frac{1}{2}WL\right)x$

②在 x 左面部分由于梁的重量而产生的作用力大小为 Wx,力矩为 $Wx\left(\frac{x}{2}\right)=\frac{1}{2}Wx^2$

于是在 x 处总的弯距是 $M=-\left(\frac{1}{2}Wx^2-\frac{1}{2}WLx\right)$,由梁的挠曲线近似微分方程 $EIy''=-M(x)$,得

$$EIy''=\frac{1}{2}Wx^2-\frac{1}{2}WLx$$

解此方程并由初始条件 $x=\frac{L}{2}$时 $y'=0$,$x=0$ 时 $y=0$,可得

$$y=\frac{W}{24EI}(x^4-2Lx^3+L^3x)$$

于是得(a)梁的挠度为 $y=\frac{W}{24EI}(x^4-2Lx^3+L^3x)$.

(2)最大挠度发生在 $x=\frac{1}{2}L$ 处,为$\frac{5WL^4}{384EI}$.

注意,若考虑 x 右面部分的作用力,弯距将为

$$-\frac{1}{2}WL(L-x)+W(L-x)\left(\frac{L-x}{2}\right)=\frac{1}{2}Wx^2-\frac{1}{2}WLx$$

这同上面得到的弯距是一样的.

2. 形如 $y''=f(x,y')$ 的方程.

解法:变量替换. 令 $y'=p(x)$,则 $y''=p'(x)$ 代入方程得$\frac{\mathrm{d}p}{\mathrm{d}x}=f(x,p)$为一阶方程.

案例 4.13

求方程 $y''-\frac{y'}{x}=xe^x$ 的通解.

【案例解答】

原方程为 $y''=f(x,y')$形的方程, 令 $y'=p$,$y''=p'$,方程化为 $p'-\frac{1}{x}p=xe^x$

这是一个关于 p 的一阶性非齐次微分方程,由通解公式可得

$$p=e^{\int\frac{1}{x}\mathrm{d}x}\left(\int xe^x e^{-\int\frac{1}{x}\mathrm{d}x}\mathrm{d}x+C\right)$$

$$=x\left(\int xe^x\frac{1}{x}\mathrm{d}x+C\right)=xe^x+Cx$$

于是 $y'=xe^x+Cx$,积分得原方程的通解为

$$y=\int(xe^x+Cx)\mathrm{d}x=xe^x-e^x+C_1x^2+C_2\ (\text{其中 } C_1=\frac{C}{2}).$$

案例 4.14

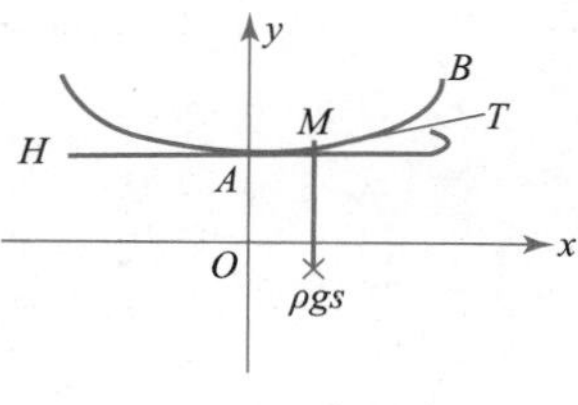

图 4-3

设一单位长度上的质量为常数 ρ 的均质钢索，现将钢索的两端固定，求钢索在重力作用下处于平衡状态时的曲线方程.

【案例解答】

取坐标系如图 4-3 所示，A 点为曲线的最低点，设 A 点处的水平张力为 H，又设 M 为曲线上任意一点，在点 M 处沿切线方向的张力为 T，T 关于 x 轴的倾角为 α，弧段$\overset{\frown}{AM}$所受的重力为 ρgs（s 为$\overset{\frown}{AM}$的长度），弧段$\overset{\frown}{AM}$在这三个力的作用下处于平衡状态，由静力平衡条件得

$$T\sin\alpha=\rho gs \tag{⑫}$$

$$T\cos\alpha=H \tag{⑬}$$

于是由式⑫与式⑬有 $\tan\alpha=\dfrac{\rho gs}{H}$，又由于 $\tan\alpha=y'$，所以

$$y'=\frac{\rho gs}{H} \tag{⑭}$$

又因为弧长 s 是 x 的函数，且有弧微分公式 $\mathrm{d}s=\sqrt{1+y'^2}\mathrm{d}x$

于是对式⑭两端对 x 求导，得　　$y''=\dfrac{\rho g}{H}\cdot\dfrac{\mathrm{d}s}{\mathrm{d}x}$

将弧微分公式代入得　$y''=\dfrac{\rho g}{H}\sqrt{1+y'^2}$　　⑮

显然式⑮属于 $y''=f(y')$ 型的二阶微分方程，令 $y'=p$　$y''=\dfrac{\mathrm{d}p}{\mathrm{d}x}$，

代入式⑮得

$$\frac{\mathrm{d}p}{\mathrm{d}x}=\frac{\rho g}{H}\sqrt{1+p^2} \tag{⑯}$$

这是一个一阶可分离变量的微分方程，解此方程得式⑯的通解

$$\ln(p+\sqrt{1+p^2})=\frac{\rho g}{H}x+C_1 \tag{⑰}$$

由于 A 点处 $x=0$，切线平行于 x 轴，所以 $y'\Big|_{x=0}=p\Big|_{x=0}=0$ 代入式⑰得 $C_1=0$.

则式⑰为 $\ln(p+\sqrt{1+p^2})=\dfrac{\rho g}{H}x$，即

$$p+\sqrt{1+p^2}=\mathrm{e}^{\frac{\rho g}{H}x}$$

由此解得 $p=\dfrac{\mathrm{d}y}{\mathrm{d}x}=\dfrac{1}{2}\left(\mathrm{e}^{\frac{\rho g}{H}x}-\mathrm{e}^{-\frac{\rho g}{H}x}\right)$，由 $y'=p$，解得

$$y=\frac{\rho g}{2H}\left(\mathrm{e}^{\frac{\rho g}{H}x}+\mathrm{e}^{-\frac{\rho g}{H}x}\right)+C_2$$

令当 $x=0$ 时，$y=\dfrac{\rho g}{H}$，则得 $C_2=0$. 故所求曲线为

$$y=\frac{\rho g}{2H}\left(\mathrm{e}^{\frac{\rho g}{H}x}+\mathrm{e}^{-\frac{\rho g}{H}x}\right)$$

故钢索在重力作用下处于平衡状态时的曲线方程为 $y=\dfrac{\rho g}{2H}(\mathrm{e}^{\frac{\rho g}{H}x}+\mathrm{e}^{-\frac{\rho g}{H}x})$.

若令 $a=\dfrac{H}{\rho g}$，则方程为

$$y=\frac{a}{2}(\mathrm{e}^{\frac{x}{a}}+\mathrm{e}^{-\frac{x}{a}}),$$

此方程确定的曲线称悬链线.

3. 形如 $y''=f(y,y')$ 的方程.

解法:变量替换. 令 $y'=p(y)$,则 $y''=p'(y)y'$代入方程

得$\frac{\mathrm{d}p}{\mathrm{d}y}p=f(y,p)$为一阶方程.

案例 4.15

求方程 $y''-(y')^2=0$ 的通解,并求满足初始条件 $y\Big|_{x=0}=1,y'\Big|_{x=0}=2$ 的特解.

【案例解答】

原方程为 $y''=f(y,y')$形的方程,令 $y'=p(y),y''=p\frac{\mathrm{d}p}{\mathrm{d}y}=pp'$,

方程化为 $ypp'-p^2=0$,在 $y\neq 0,p\neq 0$ 时,解此方程得 $p=C_1y$

即 $y'=C_1y$,解此方程得原方程的通解为 $y=C_2\mathrm{e}^{C_1x}$

利用初始条件 $y\Big|_{x=0}=1$, $y'\Big|_{x=0}=2$ 得 $C_1=2$, $C_2=1$,满足初始条件的特解为 $y=\mathrm{e}^{2x}$

当 $p=0$ 时,即 $y'=0$,得 $y=C_2$,显然这在通解中是 $C_1=0$ 的情形.

4.4.2 二阶常系数线性齐次微分方程

形如 $y''+py'+qy=0$ 的方程.

对应于方程 $y''+py'+qy=0$ 的特征方程为

$$\gamma^2+p\gamma+q=0.$$

当特征根为两各不相等的实根:$\gamma_1\neq\gamma_2$ 有方程通解公式

$$y=C_1\mathrm{e}^{\gamma_1x}+C_2\mathrm{e}^{\gamma_2x}.$$

当特征根为一对相等的实根:$\gamma_1=\gamma_2=\gamma$ 有方程通解公式

$$y=\mathrm{e}^{\gamma x}(C_1+C_2x).$$

当特征根为一对共轭复根:$\gamma_{1,2}=\alpha\pm\mathrm{i}\beta$ 有方程通解公式

$$y=\mathrm{e}^{\alpha x}(C_1\cos\beta x+C_2\sin\beta x).$$

案例 4.16

求下列微分方程的通解:

(1)$y''-2y'-3y=0$; (2)$y''+2y'+7y=0$;

(3)$4y''-4y'+y=0$,并求满足条件 $y\Big|_{x=0}=1$, $y'\Big|_{x=0}=3$ 的特解.

【案例解答】

解:(1)方程 $r^2-2r-3=0$ 的特征方程为 $r^2-2r-3=0$,即$(r-3)(r+1)=0$,

特征根为 $r_1=3,r_2=-1$

两不相等实根,因此原方程的通解为 $y=C_1\mathrm{e}^{3x}+C_2\mathrm{e}^{-x}$.

(2)方程 $r^2+2r+7=0$ 的特征方程为 $r^2+2r+7=0$,解得特征根为 $r_{1,2}=-1\pm\mathrm{i}\sqrt{6}$一对共轭复根,因此,原方程的通解为 $y=\mathrm{e}^{-x}(C_1\cos\sqrt{6}x+C_2\sin\sqrt{6}x)$.

(3)方程 $4r^2-4r+1=0$ 的特征方程为 $4r^2-4r+1=0$,即$(2r-1)^2=0$ 特征根为 $r_1=r_2=\frac{1}{2}$一对相等实根,因此原方程的通解为 $y=(C_1+C_2x)\mathrm{e}^{\frac{1}{2}x}$.

$y'=\frac{1}{2}(C_1+C_2x)\mathrm{e}^{\frac{1}{2}x}+C_2\mathrm{e}^{\frac{1}{2}x}$,

由初始条件 $y\Big|_{x=0}=1$, $y'\Big|_{x=0}=3$,得 $C_1=1,C_2=\frac{5}{2}$,

所以满足初始条件的特解为 $y=\left(1+\frac{5}{2}x\right)e^{\frac{1}{2}x}$.

案例 4.17

一个长度为 am 的均质链条放置在一水平桌面上，已知链条在桌边悬挂下来的长度为 bm，问链条全部滑下桌子需要多长时间？

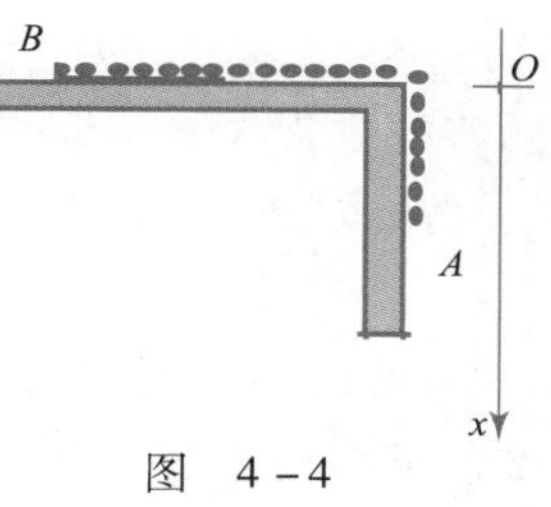

图　4－4

【案例分析】

设链条离开桌面所需的时刻即为 A 点运动到桌下 am 的时刻．建立坐标系如图 4－4 所示，则链条 A 端的坐标为 $x(t)=a$ 时，链条 B 端刚好离开桌面．于是我们只要确定 A 点在时刻 t 的坐标 $x=x(t)$，就可求出链条全部滑下桌子所需的时间．

由于 A 端受链条垂下部分的重力作用开始下滑并产生加速度，其加速度为$\frac{d^2x}{dt^2}$，并由此产生的重力为质量乘加速度．

【案例解答】

解：设在时刻 t 链条垂下 xm，链条的质量为 ρ，链条向下滑动时受链条垂下部分的重力为 $F(t)=\rho x(t)g$，由牛顿第二定律得 $F(t)=ma$，于是有 $\rho xg=a\rho\frac{d^2x}{dt^2}$

即 $x''-\frac{g}{a}x=0$，为二阶常系数线性齐次微分方程，其特征方程为 $r^2-\frac{g}{a}=0$

特征根为 $r_1=\sqrt{\frac{g}{a}}$，$r_2=-\sqrt{\frac{g}{a}}$，所以 $x(t)=C_1e^{\sqrt{\frac{g}{a}}t}+e^{-\sqrt{\frac{g}{a}}t}C_2$，

由于 $x(0)=b$，$x'(0)=0$，所以有 $\begin{cases}b=C_1+C_2\\0=C_1\sqrt{\frac{g}{a}}-C_2\sqrt{\frac{g}{a}}\end{cases}$，得 $C_1=\frac{b}{2}$，$C_2=\frac{b}{2}$.

故 $x(t)=\frac{b}{2}\left(e^{\sqrt{\frac{g}{a}}t}+e^{-\sqrt{\frac{g}{a}}t}\right)$．当 $x=a$ 时，解得 $t=\sqrt{\frac{a}{g}}\ln(\frac{a+\sqrt{a^2-b^2}}{b})$

答：链条全部滑下桌子需要 $t=\sqrt{\frac{a}{g}}\ln\left(\frac{a+\sqrt{a^2-b^2}}{b}\right)$ 时间．

4.4.3　二阶常系数线性非齐次微分方程

形如 $y''+py'+qy=f(x)$ 的方程．

解法：设 $\bar{y}$ 是对应齐次方程 $y''+py'+qy=0$ 的通解，

y^* 是非齐次方程 $y''+py'+qy=f(x)$ 的一个特解，

则非齐次方程的通解为　$y=\bar{y}+y^*$.

1. 形如 $y''+py'+qy=e^{\lambda x}p_m(x)$ 的方程

其中 λ 是常数，$p_m(x)$ 是 x 的 m 次多项式：$p_m(x)=a_0x^m+a_1m^{m-1}+\cdots\cdots+a_m$

则方程的特解为 $y^*=x^kQ_m(x)e^{\lambda x}$. 其中 $Q_m(x)=b_0x^m+b_1x^{m-1}+\cdots\cdots+b_m$

(1) 当 λ 不是特征方程的特征根时 $k=0$；

(2) 当 λ 是特征方程的特征单根时 $k=1$；

(3) 当 λ 是特征方程的特征双根时 $k=2$.

2. 形如 $y''+py'+qy=A\cos\omega x+B\sin\omega x$ 的方程

则方程的特解为 $y^*=x^k(a\cos\omega x+b\sin\omega x)$. 其中 a 与 b 是待定的常数，

(1) 当 ωi 不是特征方程的特征根时 $k=0$；

(2) 当 ωi 是特征方程的特征根时 $k=1$.

案例 4.18

求微分方程 $y''+4y=\frac{1}{2}x$ 的通解，并求满足初始条件 $y'\Big|_{x=0}=0$，$y\Big|_{x=0}=0$ 的特解．

【案例解答】

因为对应的二阶线性常系数齐次微分方程

$$y''+4y=0 \tag{18}$$

的特征方程为 $r^2+4=0$，由此解得特征根为 $r_{1,2}=\pm 2\mathrm{i}$，

故式⑱的通解为

$$\bar{y}=C_1\cos 2x+C_2\sin 2x.$$

因 $\lambda=0$ 不是特征方程的根,所以令原方程的特解为 $y^*=ax+b$,

可解得 $y^{*\prime}=a, y^{*\prime\prime}=0$. 把 $y^*, y^{*\prime}, y^{*\prime\prime}$代入原方程得

$$4(ax+b)=\frac{1}{2}x, \text{由待定系数法}\begin{cases}4a=\dfrac{1}{2}\\4b=0\end{cases}, \text{解得}\begin{cases}a=\dfrac{1}{8}\\b=0\end{cases}. \text{故 } y^*=\frac{1}{8}x,$$

于是原方程的通解为 $y=\bar{y}+y^*$,即

$$y=C_1\cos 2x+C_2\sin 2x+\frac{1}{8}x.$$

又由 $y'\Big|_{x=0}=0$，$y\Big|_{x=0}=0$ 得 $C_1=0, C_2=-\frac{1}{16}$.

所以满足初始条件的特解为 $y=-\frac{1}{16}\sin 2x+\frac{1}{8}x$.

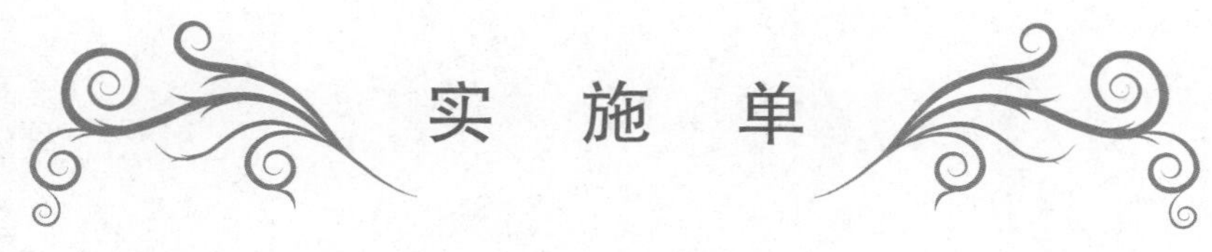

实 施 单

<table>
<tr><td>学习领域</td><td colspan="4">土木工程应用数学</td></tr>
<tr><td>学习情境</td><td colspan="2">工程技术中梁的挠度、物体温度变化等实际问题的计算</td><td>学时</td><td>10</td></tr>
<tr><td>实施方式</td><td colspan="4">由各小组完成计划，每人填写此单</td></tr>
<tr><td>序　号</td><td colspan="2">实 施 步 骤</td><td colspan="2">使用资源</td></tr>
<tr><td></td><td colspan="2"></td><td colspan="2"></td></tr>
<tr><td></td><td colspan="2"></td><td colspan="2"></td></tr>
<tr><td></td><td colspan="2"></td><td colspan="2"></td></tr>
<tr><td></td><td colspan="2"></td><td colspan="2"></td></tr>
<tr><td></td><td colspan="2"></td><td colspan="2"></td></tr>
<tr><td></td><td colspan="2"></td><td colspan="2"></td></tr>
<tr><td></td><td colspan="2"></td><td colspan="2"></td></tr>
<tr><td></td><td colspan="2"></td><td colspan="2"></td></tr>
<tr><td></td><td colspan="2"></td><td colspan="2"></td></tr>
<tr><td></td><td colspan="2"></td><td colspan="2"></td></tr>
<tr><td></td><td colspan="2"></td><td colspan="2"></td></tr>
<tr><td></td><td colspan="2"></td><td colspan="2"></td></tr>
<tr><td></td><td colspan="2"></td><td colspan="2"></td></tr>
<tr><td></td><td colspan="2"></td><td colspan="2"></td></tr>
<tr><td></td><td colspan="2"></td><td colspan="2"></td></tr>
<tr><td colspan="5">实施说明</td></tr>
<tr><td>班　级</td><td></td><td>第　组</td><td>组长签字</td><td></td></tr>
<tr><td>教师签字</td><td colspan="2"></td><td>日 期</td><td></td></tr>
</table>

作 业 单

<table>
<tr><td>学习领域</td><td colspan="3">土木工程应用数学</td></tr>
<tr><td>学习情境</td><td>工程技术中梁的挠度、物体温度变化等实际问题的计算</td><td>学时</td><td>10</td></tr>
<tr><td>作业方式</td><td colspan="3">每人完成</td></tr>
<tr><td>1</td><td colspan="3">求下列微分方程的通解或特解：
(1) $\frac{dy}{dx}=-\frac{1}{2}xy$； (2) $xy'-y\ln y=0$；
(3) $(1+e^x)yy'=-e^x$，求满足条件 $y\big|_{x=0}=0$ 的特解.</td></tr>
<tr><td colspan="4">作业解答</td></tr>
</table>

<table>
<tr><td rowspan="4">作业评价</td><td>班级</td><td></td><td>第　组</td><td>组长签名</td><td colspan="2"></td></tr>
<tr><td>学号</td><td></td><td>姓名</td><td colspan="3"></td></tr>
<tr><td>教师签字</td><td></td><td>教师评分</td><td></td><td>日期</td><td></td></tr>
<tr><td colspan="6">评语</td></tr>
</table>

作　业　单

学习领域	土木工程应用数学		
学习情境	工程技术中梁的挠度、物体温度变化等实际问题的计算	学时	10
作业方式	每人完成		
2	求下列微分方程的通解： (1) $y'+xy=e^{-x}$；　(2) $(1+x^2)y'-2xy=(1+x^2)^2$.		

作业解答

作业评价	班级		第　组	组长签名		
	学号		姓名			
	教师签字		教师评分		日期	
	评语					

<table>
<tr><td>学习领域</td><td colspan="5">土木工程应用数学</td></tr>
<tr><td>学习情境</td><td colspan="3">工程技术中梁的挠度、物体温度变化等实际问题的计算</td><td>学时</td><td>10</td></tr>
<tr><td>作业方式</td><td colspan="5">每人完成</td></tr>
<tr><td>3</td><td colspan="5">[冷却问题]
若一物体在40min内从100℃冷却到60℃,求在60min时物体的温度(如果外界温度是不变的20℃).</td></tr>
<tr><td colspan="6">作业解答</td></tr>
<tr><td rowspan="4">作业评价</td><td>班级</td><td></td><td>第　组</td><td>组长签名</td><td></td></tr>
<tr><td>学号</td><td></td><td>姓名</td><td colspan="2"></td></tr>
<tr><td>教师签字</td><td></td><td>教师评分</td><td></td><td>日期</td></tr>
<tr><td colspan="5">评语</td></tr>
</table>

作　业　单

学习领域	土木工程应用数学		
学习情境	工程技术中梁的挠度、物体温度变化等实际问题的计算	学时	10
作业方式	每人完成		
4	一长为3m的梁两端是简单支架．若此梁每米单位长的重量是10kg,求梁的挠度.(梁的挠曲线近似微分方程 $EIy''=-M(x)$. 其中 EI 为抗弯刚度,$M(x)$为梁的挠矩)		
作业解答			

作业评价	班级		第　组	组长签名		
	学号		姓名			
	教师签字		教师评分		日期	
	评语					

作 业 单

<table>
<tr><td>学习领域</td><td colspan="5">土木工程应用数学</td></tr>
<tr><td>学习情境</td><td colspan="3">工程技术中梁的挠度、物体温度变化等实际问题的计算</td><td>学时</td><td>10</td></tr>
<tr><td>作业方式</td><td colspan="5">每人完成</td></tr>
<tr><td>5</td><td colspan="5">求下列微分方程的通解：
(1) $y''+4y'+4y=0$；　(2) $y''-9y=0$；　(3) $y''+2y'+4y=0$.</td></tr>
<tr><td colspan="6">作业解答</td></tr>
<tr><td rowspan="4">作业评价</td><td>班级</td><td></td><td>第　组</td><td>组长签名</td><td></td></tr>
<tr><td>学号</td><td></td><td>姓名</td><td colspan="2"></td></tr>
<tr><td>教师签字</td><td></td><td>教师评分</td><td></td><td>日期</td></tr>
<tr><td colspan="5">评语</td></tr>
</table>

<table>
<tr><td>学习领域</td><td colspan="6">土木工程应用数学</td></tr>
<tr><td>学习情境</td><td colspan="3">工程技术中梁的挠度、物体温度变化等实际问题的计算</td><td colspan="2">学时</td><td>10</td></tr>
<tr><td>作业方式</td><td colspan="6">每人完成</td></tr>
<tr><td>6</td><td colspan="6">一悬臂梁有一端水平嵌入混凝土内，另一端受到一作用力 W，假定梁的重量可以忽略不计．求(1)梁的挠度；(2)梁的最大挠度．(梁的挠曲线近似微分方程 $EIy''=-M(x)$．其中 EI 为抗弯刚度，$M(x)$ 为梁的挠矩)．</td></tr>
<tr><td colspan="7">作业解答</td></tr>
<tr><td rowspan="4">作业评价</td><td>班级</td><td></td><td>第　组</td><td>组长签名</td><td colspan="2"></td></tr>
<tr><td>学号</td><td></td><td>姓名</td><td colspan="3"></td></tr>
<tr><td>教师签字</td><td></td><td>教师评分</td><td></td><td>日期</td><td></td></tr>
<tr><td colspan="6">评语</td></tr>
</table>

<table>
<tr><td>学习领域</td><td colspan="5">土木工程应用数学</td></tr>
<tr><td>学习情境</td><td colspan="3">工程技术中梁的挠度、物体温度变化等实际问题的计算</td><td>学时</td><td>10</td></tr>
<tr><td>作业方式</td><td colspan="5">每人完成</td></tr>
<tr><td>7</td><td colspan="5">求微分方程 $y''-3y'+2y=xe^x$ 的通解 .</td></tr>
<tr><td colspan="6">作业解答</td></tr>
<tr><td rowspan="4">作业评价</td><td>班级</td><td></td><td>第　组</td><td>组长签名</td><td></td></tr>
<tr><td>学号</td><td></td><td>姓名</td><td colspan="2"></td></tr>
<tr><td>教师签字</td><td></td><td>教师评分</td><td></td><td>日期 | </td></tr>
<tr><td colspan="5">评语</td></tr>
</table>

作 业 单

<table>
<tr><td>学习领域</td><td colspan="3">土木工程应用数学</td></tr>
<tr><td>学习情境</td><td>工程技术中梁的挠度、物体温度变化等实际问题的计算</td><td>学时</td><td>10</td></tr>
<tr><td>作业方式</td><td colspan="3">每人完成</td></tr>
<tr><td>8</td><td colspan="3">某一悬索桥的悬索为均质钢索,其单位长度上的质量为常数 m,其跨度为 1250m,求钢索在重力作用下处于平衡状态时的曲线方程.</td></tr>
<tr><td colspan="4">作业解答</td></tr>
</table>

<table>
<tr><td rowspan="4">作业评价</td><td>班级</td><td></td><td>第　组</td><td>组长签名</td><td colspan="2"></td></tr>
<tr><td>学号</td><td></td><td>姓名</td><td colspan="3"></td></tr>
<tr><td>教师签字</td><td></td><td>教师评分</td><td></td><td>日期</td><td></td></tr>
<tr><td colspan="6">评语</td></tr>
</table>

检查单

<table>
<tr><td>学习领域</td><td colspan="5">土木工程应用数学</td></tr>
<tr><td>学习情境</td><td colspan="3">土木工程专业中梁的挠度、物体温度变化等问题计算</td><td>学时</td><td>10</td></tr>
<tr><td>序号</td><td>检查项目</td><td colspan="2">检查标准</td><td>学生自检</td><td>教师检查</td></tr>
<tr><td>1</td><td>微分方程的概念</td><td colspan="2">概念理解正确</td><td></td><td></td></tr>
<tr><td>2</td><td>可分离变量的微分方程的解法</td><td colspan="2">书写规范,计算准确</td><td></td><td></td></tr>
<tr><td>3</td><td>一阶线性非齐次微分方程的解法</td><td colspan="2">了解常数变易法,会用公式求方程的通解或特解</td><td></td><td></td></tr>
<tr><td>4</td><td>二阶线性常系数齐次微分方程的解法</td><td colspan="2">会求特征方程与特征根,并会求相应的二阶线性常系数齐次微分方程的通解</td><td></td><td></td></tr>
<tr><td>5</td><td>二阶线性常系数非齐次微分方程的解法</td><td colspan="2">会求简单的二阶线性常系数非齐次微分方程</td><td></td><td></td></tr>
<tr><td>6</td><td>微分方程在实际问题中的应用</td><td colspan="2">会求梁的挠度及物体温度的变化问题．书写规范,计算准确</td><td></td><td></td></tr>
<tr><td rowspan="3">检查评价</td><td>班级</td><td></td><td>第　组</td><td>组长签名</td><td></td></tr>
<tr><td>教师签字</td><td colspan="2"></td><td>日期</td><td></td></tr>
<tr><td colspan="5">评语</td></tr>
</table>

评　价　单

<table>
<tr><td>学习领域</td><td colspan="8">土木工程应用数学</td></tr>
<tr><td>学习情境</td><td colspan="4">土木工程专业中梁的挠度、
物体温度变化等实际问题计算</td><td colspan="2">学时</td><td colspan="2">10</td></tr>
<tr><td>评价类别</td><td>项目</td><td colspan="2">子项目</td><td>个人评价</td><td colspan="2">组内评价</td><td colspan="2">教师评价</td></tr>
<tr><td rowspan="10">专业能力
60%</td><td rowspan="3">资讯 16%</td><td colspan="2">搜集资讯 4%</td><td></td><td colspan="2"></td><td colspan="2"></td></tr>
<tr><td colspan="2">信息学习 8%</td><td></td><td colspan="2"></td><td colspan="2"></td></tr>
<tr><td colspan="2">引导问题回答 4%</td><td></td><td colspan="2"></td><td colspan="2"></td></tr>
<tr><td>实施 14%</td><td colspan="2">学习步骤执行 14%</td><td></td><td colspan="2"></td><td colspan="2"></td></tr>
<tr><td rowspan="2">检查 8%</td><td colspan="2">公式掌握 3%</td><td></td><td colspan="2"></td><td colspan="2"></td></tr>
<tr><td colspan="2">计算准确 5%</td><td></td><td colspan="2"></td><td colspan="2"></td></tr>
<tr><td rowspan="2">过程 10%</td><td colspan="2">公式使用准确 5%</td><td></td><td colspan="2"></td><td colspan="2"></td></tr>
<tr><td colspan="2">方法选择得当 5%</td><td></td><td colspan="2"></td><td colspan="2"></td></tr>
<tr><td>结果 5%</td><td colspan="2">结果正确 5%</td><td></td><td colspan="2"></td><td colspan="2"></td></tr>
<tr><td>作业 7%</td><td colspan="2">完成质量 7%</td><td></td><td colspan="2"></td><td colspan="2"></td></tr>
<tr><td rowspan="2">社会能力
20%</td><td>团结协作 10%</td><td colspan="2">小组配合 10%</td><td></td><td colspan="2"></td><td colspan="2"></td></tr>
<tr><td>敬业精神 10%</td><td colspan="2">学习纪律性 10%</td><td></td><td colspan="2"></td><td colspan="2"></td></tr>
<tr><td rowspan="2">方法能力
20%</td><td>计划能力 10%</td><td colspan="2"></td><td></td><td colspan="2"></td><td colspan="2"></td></tr>
<tr><td>决策能力 10%</td><td colspan="2"></td><td></td><td colspan="2"></td><td colspan="2"></td></tr>
<tr><td rowspan="3">评价评语</td><td>班级</td><td></td><td>姓名</td><td></td><td>学号</td><td></td><td>总评</td><td></td></tr>
<tr><td>教师签字</td><td colspan="2"></td><td>第　组</td><td>组长
签字</td><td></td><td>日期</td><td></td></tr>
<tr><td colspan="8">评语</td></tr>
</table>

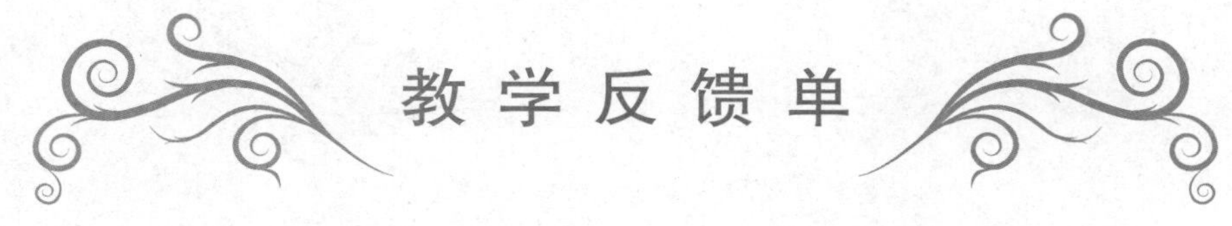

教学反馈单

学习领域	土木工程应用数学			
学习情境	土木工程专业中梁的挠度、物体温度变化等实际问题计算	学时		10
序号	调 查 内 容	是	否	理由陈述
1	对微分方程的概念了解吗?			
2	了解常数变异法吗?			
3	会求可分离变的微分方程的通解吗?			
4	对一阶线性非齐次微分方程的通解公式熟悉吗?			
5	会求二阶线性常系数齐次微分方程的特征方程及特征根吗?			
6	会求二阶线性常系数齐次微分方程的通解吗?			
7	能利用微分方程的知识解决工程技术及实际生活中梁的挠度及物体的温度变化问题吗?			
你对当前采用的教学方式方法还有什么意见与建议,欢迎提出来,我们将非常感谢.				
调查信息	被调查人签名		调查时间	

附　录

一、常用初等数学公式

（一）一元二次方程 $ax^2+bx+c=0(a\neq 0)$ 的求根公式

根的判别式：$\Delta=b^2-4ac$，

当 $\Delta\geqslant 0$ 时　方程有一对实根，为 $x_{1,2}=\dfrac{-b\pm\sqrt{b^2-4ac}}{2a}$

当 $\Delta\leqslant 0$ 时　方程有一对共轭复根，为 $x_{1,2}=\dfrac{-b\pm \mathrm{i}\sqrt{4ac-b^2}}{2a}$

（二）阶乘与有限项和的公式

$n!=1\cdot 2\cdot 3\cdot 4\cdot\cdots\cdot(n-1)n$（$n$ 为正整数），规定 $0!=1$

$1+2+3+4+5+\cdots+(n-1)+n=\dfrac{n(n-1)}{2}$

$1^2+2^2+3^2+4^2+5^2+\cdots+(n-1)^2+n^2=\dfrac{n(n+1)(2n+1)}{6}$

$a+(a+d)+(a+2d)+(a+3d)+\cdots+[a+(n-1)d]=\dfrac{1}{2}n\{a+[a+(n-1)d]\}$

$a+aq+aq^2+aq^3+\cdots+aq^{n-1}=\dfrac{a(1-q^n)}{1-q}(q\neq 1)$

$(a\pm b)^2=a^2\pm 2ab+b^2$　　　$(a\pm b)^3=a^3\pm 3a^2b+3ab^2\pm b^3$

$a^2-b^2=(a+b)(a-b)$　　　$a^3\pm b^3=(a\pm b)(a^2\mp ab+b^2)$

（三）三角公式

1. 平方公式

$\sin^2x+\cos^2x=1$　　　$1+\tan^2x=\dfrac{1}{\cos^2x}$　　　$1+\cot^2x=\dfrac{1}{\sin^2x}$

2. 商的公式

$\dfrac{\sin x}{\cos x}=\tan x$　　　$\dfrac{\cos x}{\sin x}=\cot x$

3. 倒数公式

$\tan x\cdot\cot x=1$　　　$\sin x\cdot\csc x=1$　　　$\cos x\cdot\sec x=1$

4. 倍角公式

$\sin 2x=2\sin x\cdot\cos x$

$\cos 2x=\cos^2x-\sin^2x=2\cos^2x-1=1-2\sin^2x$

5. 半角公式

$\sin\dfrac{x}{2}=\pm\sqrt{\dfrac{1-\cos x}{2}}$　　　$\cos\dfrac{x}{2}=\pm\sqrt{\dfrac{1+\cos x}{2}}$

6. 加法与减法公式

$\sin(\alpha\pm\beta)=\sin\alpha\cos\beta\pm\cos\alpha\sin\beta$

$\cos(\alpha\pm\beta)=\cos\alpha\cos\beta\mp\sin\alpha\sin\beta$

(四)初等几何公式(字母的意义:r 半径,h 高,l 斜高)

1. 圆

面积 $S=\pi r^2$　　周长 $C=2\pi r$

2. 扇形

面积 $S=\frac{1}{2}\theta r^2$　　弧长 $C=\theta r$

(其中 θ 为扇形的圆心角,以弧度计算,$1°=\frac{\pi}{180}\text{rad}$)

3. 球体

体积 $V=\frac{4}{3}\pi r^3$　　表面积 $S=4\pi r^2$

4. 圆锥

体积 $V=\frac{1}{3}\pi r^3 h$　　表面积 $S=\pi rl$　　全面积 $S=\pi r(r+l)$

二、积分表

(一)含有 $ax+b$ 的积分($a\neq 0$)

1. $\int \frac{1}{ax+b}\mathrm{d}x=\frac{1}{a}\ln|ax+b|+C$

2. $\int (ax+b)^n\mathrm{d}x=\frac{1}{a(n+1)}(ax+b)^{n+1}+C(n\neq -1)$

3. $\int \frac{x}{ax+b}\mathrm{d}x=\frac{1}{a^2}(ax+b-b\ln|ax+b|)+C$

4. $\int \frac{x^2}{ax+b}\mathrm{d}x=\frac{1}{a^3}\left[\frac{1}{2}(ax+b)^2-2b(ax+b)+b^2\ln|ax+b|\right]+C$

5. $\int \frac{1}{x(ax+b)}\mathrm{d}x=\frac{1}{b}\ln\left|\frac{ax+b}{x}\right|+C$

6. $\int \sqrt{ax+b}\,\mathrm{d}x=\frac{2}{3a}\sqrt{(ax+b)^3}+C$

7. $\int x\sqrt{ax+b}\,\mathrm{d}x=\frac{2}{15a^2}(3ax-2b)\sqrt{(ax+b)^3}+C$

8. $\int x^2\sqrt{ax+b}\,\mathrm{d}x=\frac{2}{105a^3}(15a^2x^2-12abx+8b^2)\sqrt{(ax+b)^3}+C$

9. $\int \frac{x}{\sqrt{ax+b}}\mathrm{d}x=\frac{2}{3a^2}(ax-2b)\sqrt{ax+b}+C$

10. $\int \frac{x^2}{\sqrt{ax+b}}\mathrm{d}x=\frac{2}{15a^2}(3a^2x^2-4abx+8b^2)\sqrt{ax+b}+C$

11. $\int \frac{\sqrt{ax+b}}{x}\mathrm{d}x=2\sqrt{ax+b}+b\int \frac{1}{x\sqrt{ax+b}}\mathrm{d}x$

12. $\int \frac{\sqrt{ax+b}}{x^2}\mathrm{d}x=-\frac{\sqrt{ax+b}}{x}+\frac{a}{2}\int \frac{1}{x\sqrt{ax+b}}\mathrm{d}x$

(二)含有 $a^2\pm x^2$,x^2+a^2,ax^2+b 的积分

13. $\int \frac{1}{x^2+a^2}\mathrm{d}x=\frac{1}{a}\arctan x+C$

14. $\int \frac{1}{x^2-a^2}\mathrm{d}x=\frac{1}{2a}\ln\left|\frac{x-a}{x+a}\right|+C$

15. $\int \frac{1}{a^2 - x^2} dx = \frac{1}{2a} \ln \left| \frac{x+a}{x-a} \right| + C$

16. $\int \frac{1}{(a^2 \pm x^2)^n} dx = \frac{x}{2(n-1)a^2(a^2 \pm x^2)^{n-1}} + \frac{2n-3}{2(n-1)a^2} \int \frac{1}{(a^2 \pm x^2)^{n-1}} dx \quad (n \neq 1)$

17. $\int \frac{1}{ax^2 + b} dx = \frac{1}{\sqrt{ab}} \arctan \sqrt{\frac{a}{b}} x + C \quad (a > 0, b > 0)$

18. $\int \frac{1}{(ax^2 + b)^2} dx = \frac{x}{2b(ax^2 + b)^2} + \frac{1}{2b} \int \frac{1}{ax^2 + b} dx$

19. $\int \frac{x}{ax^2 + b} dx = \frac{1}{2a} \ln | ax^2 + b | + C$

20. $\int \frac{x^2}{ax^2 + b} dx = \frac{x}{a} - \frac{b}{a} \int \frac{1}{ax^2 + b} + C$

21. $\int \sqrt{x^2 + a^2} dx = \frac{x}{2} \sqrt{x^2 + a^2} + \frac{a^2}{2} \ln(x + \sqrt{x^2 + a^2}) + C$

或 $= \frac{x}{2} \sqrt{x^2 + a^2} + \frac{a^2}{2} \operatorname{arsh} \frac{x}{a} + C$

22. $\int x \sqrt{x^2 + a^2} dx = \frac{\sqrt{(x^2 + a^2)^3}}{3} + C$

23. $\int \frac{1}{\sqrt{x^2 + a^2}} dx = \ln(x + \sqrt{x^2 + a^2}) + C$

24. $\int \frac{x}{\sqrt{x^2 + a^2}} dx = \sqrt{x^2 + a^2} + C$

25. $\int \frac{x^2}{\sqrt{x^2 + a^2}} dx = \frac{x}{2} \sqrt{x^2 + a^2} - \frac{a^2}{2} \ln(x + \sqrt{x^2 + a^2}) + C$

26. $\int \frac{1}{x \sqrt{x^2 + a^2}} dx = \frac{1}{a} \ln \frac{x}{a + \sqrt{x^2 + a^2}} + C$

27. $\int \frac{1}{x^2 \sqrt{x^2 + a^2}} dx = -\frac{\sqrt{x^2 + a^2}}{a^2 x} + C$

28. $\int \frac{\sqrt{x^2 + a^2}}{x} dx = \sqrt{x^2 + a^2} - a \ln \frac{a + \sqrt{x^2 + a^2}}{x} + C$

29. $\int \frac{\sqrt{x^2 + a^2}}{x^2} dx = -\frac{\sqrt{x^2 + a^2}}{x} + \ln(x + \sqrt{x^2 + a^2}) + C$

30. $\int \frac{1}{\sqrt{x^2 - a^2}} dx = \ln(x + \sqrt{x^2 - a^2}) + C$

31. $\int \frac{x}{\sqrt{x^2 - a^2}} dx = \sqrt{x^2 - a^2} + C$

32. $\int \sqrt{x^2 - a^2} dx = \frac{x}{2} \sqrt{x^2 - a^2} - \frac{a^2}{2} \ln(x + \sqrt{x^2 - a^2}) + C$

33. $\int x \sqrt{x^2 - a^2} dx = \frac{\sqrt{(x^2 - a^2)^3}}{3} + C$

34. $\int \frac{\sqrt{x^2 - a^2}}{x} dx = \sqrt{x^2 - a^2} - a \arccos \frac{a}{x} + C$

35. $\int \frac{\sqrt{x^2 - a^2}}{x^2} dx = -\frac{\sqrt{x^2 - a^2}}{x} + \ln(x + \sqrt{x^2 - a^2}) + C$

36. $\int \frac{x}{\sqrt{a^2 - x^2}}dx = -\sqrt{a^2 - x^2} + C$

37. $\int \sqrt{a^2 - x^2}dx = \frac{x}{2}\sqrt{a^2 - x^2} - \frac{a^2}{2}\arcsin\frac{x}{a} + C$

38. $\int x\sqrt{a^2 - x^2}dx = -\frac{\sqrt{(a^2 - x^2)^3}}{3} + C$

39. $\int \frac{1}{x\sqrt{a^2 - x^2}}dx = \frac{1}{a}\ln\frac{x}{a + \sqrt{a^2 - x^2}} + C$

40. $\int \frac{1}{x^2\sqrt{a^2 - x^2}}dx = -\frac{\sqrt{a^2 - x^2}}{a^2 x} + C$

41. $\int \frac{\sqrt{a^2 - x^2}}{x}dx = \sqrt{a^2 - x^2} - a\ln\frac{a + \sqrt{a^2 - x^2}}{x} + C$

42. $\int \frac{\sqrt{a^2 - x^2}}{x^2}dx = \frac{\sqrt{a^2 - x^2}}{x} - \arcsin\frac{a}{x} + C$

（三）三角函数的积分

43. $\int \sin ax dx = -\frac{1}{a}\cos ax + C$

44. $\int \sin^2 ax dx = \frac{x}{2} - \frac{1}{4a}\sin 2ax + C$

45. $\int \sin^3 ax dx = -\frac{1}{a}\cos ax + \frac{1}{3a}\cos^3 ax + C$

46. $\int \sin^n ax dx = -\frac{1}{na}\sin^{n-1}ax\cos ax + \frac{n-1}{n}\int \sin^{n-2}ax dx$（$n$ 为正整数）

47. $\int \frac{1}{\sin ax}dx = \frac{1}{a}\ln\tan\frac{ax}{2} + C$

48. $\int \frac{1}{\sin^2 ax}dx = -\frac{1}{a}\cot ax + C$

49. $\int \frac{1}{\sin^n ax}dx = -\frac{\cos ax}{(n-1)a\sin^{n-1}ax} + \frac{n-2}{n-1}\int \frac{1}{\sin^{n-2}ax}dx$（$n \geqslant 2$ 的正整数）

50. $\int \cos ax dx = \frac{1}{a}\sin ax + C$

51. $\int \cos^2 ax dx = \frac{x}{2} + \frac{1}{4a}\sin 2ax + C$

52. $\int \cos^n ax dx = -\frac{1}{na}\cos^{n-1}ax\sin ax + \frac{n-1}{n}\int \cos^{n-2}ax dx$（$n$ 为正整数）

53. $\int \frac{1}{\cos ax}dx = \frac{1}{a}\ln\tan\left(\frac{\pi}{4} + \frac{ax}{2}\right) + C$

54. $\int \frac{1}{\cos^2 ax}dx = \frac{1}{a}\tan ax + C$

55. $\int \frac{1}{\cos^n ax}dx = -\frac{\sin ax}{(n-1)a\cos^{n-1}ax} + \frac{n-2}{n-1}\int \frac{1}{\cos^{n-2}ax}dx$ （$n \geqslant 2$ 的正整数）

56. $\int \sin ax\cos bx dx = -\frac{\cos(a-b)x}{2(a-b)} - \frac{\cos(a+b)x}{2(a+b)} + C$ （$|a| \neq |b|$）

57. $\int \sin^n ax\cos ax dx = -\frac{1}{(n+1)}\sin^{n+1}ax + C$ （$n \neq -1$）

58. $\int \sin ax\cos^n ax dx = -\frac{1}{(n+1)}\cos^{n+1}ax + C$ （$n \neq -1$）

59. $\int \frac{\sin ax}{\cos ax}\mathrm{d}x = -\frac{1}{a}\ln\cos ax + C$

60. $\int \frac{\cos ax}{\sin ax}\mathrm{d}x = \frac{1}{a}\ln\sin ax + C$

61. $\int \frac{1}{\sin ax\cos ax}\mathrm{d}x = \frac{1}{a}\ln\tan ax + C$

62. $\int \tan ax\mathrm{d}x = -\frac{1}{a}\ln\cos ax + C$

63. $\int \cot ax\mathrm{d}x = \frac{1}{a}\ln\sin ax + C$

64. $\int \tan^2 ax\mathrm{d}x = \frac{1}{a}\tan ax - x + C$

65. $\int \cot^2 ax\mathrm{d}x = -\frac{1}{a}\cot ax - x + C$

66. $\int \tan^n ax\mathrm{d}x = \frac{1}{(n-1)a}\tan^{n-1} ax - \int \tan^{n-2} ax\mathrm{d}x$ （$n \geqslant 2$ 的整数）

67. $\int \cot^n ax\mathrm{d}x = \frac{1}{(n-1)a}\cot^{n-1} ax - \int \cot^{n-2} ax\mathrm{d}x$ （$n \geqslant 2$ 的整数）

(四)幂、指数、对数函数的积分

68. $\int x^n \mathrm{e}^{ax}\mathrm{d}x = \frac{x^n \mathrm{e}^{ax}}{a} - \frac{n}{a}\int x^{n-1}\mathrm{e}^{ax}\mathrm{d}x$ （$n > 0$）

69. $\int x^n b^{ax}\mathrm{d}x = \frac{x^n b^{ax}}{a\ln b} - \frac{n}{a\ln b}\int x^{n-1}b^{ax}\mathrm{d}x$ （$n > 0, b > 0, b \neq 1$）

70. $\int \mathrm{e}^{ax}\sin bx\mathrm{d}x = \frac{\mathrm{e}^{ax}}{a^2 + b^2}(a\sin bx - b\cos bx) + C$

71. $\int \mathrm{e}^{ax}\cos bx\mathrm{d}x = \frac{\mathrm{e}^{ax}}{a^2 + b^2}(a\cos bx - b\sin bx) + C$

72. $\int \ln x\mathrm{d}x = x\ln x - x + C$

73. $\int x\ln x\mathrm{d}x = \frac{x^2}{2}\ln x - \frac{x^2}{4} + C$

74. $\int x^n\ln x\mathrm{d}x = \frac{x^{n+1}}{n+1}\ln x - \frac{x^{n+1}}{(n+1)^2} + C$ （$n \neq -1$）

75. $\int \frac{1}{x\ln x}\mathrm{d}x = \ln|\ln x| + C$

76. $\int \ln^n x\mathrm{d}x = x\ln^n x - n\int \ln^{n-1} x\mathrm{d}x$

(五)反三角函数的积分

77. $\int \arcsin ax\mathrm{d}x = x\arcsin ax + \frac{1}{a}\sqrt{1 - a^2x^2} + C$

78. $\int (\arcsin ax)^2\mathrm{d}x = x(\arcsin ax)^2 - 2x + \frac{2}{a}\sqrt{1 - a^2x^2}\arcsin ax + C$

79. $\int \arccos ax\mathrm{d}x = x\arccos ax - \frac{1}{a}\sqrt{1 - a^2x^2} + C$

80. $\int (\arccos ax)^2\mathrm{d}x = x(\arccos ax)^2 - 2x - \frac{2}{a}\sqrt{1 - a^2x^2}\arccos ax + C$

81. $\int x\arcsin ax\mathrm{d}x = (\frac{x^2}{2} - \frac{1}{4a^2})\arcsin ax + \frac{x}{4a}\sqrt{1 - a^2x^2} + C$

82. $\int x\arccos ax\mathrm{d}x = (\frac{x^2}{2} - \frac{1}{4a^2})\arccos ax - \frac{x}{4a}\sqrt{1 - a^2x^2} + C$

83. $\int \arctan ax\mathrm{d}x = x\arctan ax - \frac{1}{2a}\ln(1 + a^2x^2) + C$

84. $\int \operatorname{arccot} ax\mathrm{d}x = x\operatorname{arccot} ax + \frac{1}{2a}\ln(1 + a^2x^2) + C$

（六）双曲函数的积分

85. $\int \mathrm{sh}x\mathrm{d}x = \mathrm{ch}x + C$

86. $\int \mathrm{ch}x\mathrm{d}x = \mathrm{sh}x + C$

87. $\int \mathrm{th}x\mathrm{d}x = \ln|\mathrm{ch}x| + C$

88. $\int \mathrm{cth}x\mathrm{d}x = \ln|\mathrm{sh}x| + C$

89. $\int \mathrm{sh}^2x\mathrm{d}x = -\frac{x}{2} + \frac{1}{4}\mathrm{sh}2x + C$

90. $\int \mathrm{ch}^2x\mathrm{d}x = \frac{x}{2} + \frac{1}{4}\mathrm{ch}2x + C$

参 考 文 献

[1]同济大学,等. 高等数学(上,下)[M]. 北京:高等教育出版社,2006.
[2]陈忠主. 应用数学[M]. 北京:高等教育出版社,2009.
[3]颜文勇. 高等应用数学[M]. 北京:高等教育出版社,2009.
[4]梁弘. 高等数学基础[M]. 北京:北京交通大学出版社,2006.
[5]侯兰茹. 高等数学[M]. 北京:首都经济贸易大学出版社,2008.
[6]卢树铭. 高等数学的理论与解题技巧[M]. 合肥:安徽教育出版社,1984.
[7]程桢. 土建工程力学[M]. 北京:中国计量出版社,2009.

教 师 服 务 登 记 表

填表日期：________

教师姓名		□先生 □女士	出生年月		职务		职称 □教授 □副教授 □讲师 □助教 □其他
学校			学院		系别		
联系电话	办公： 移动：		联系地址 及邮编				
			E-mail				
学历		毕业院校		国外进修及讲学经历			
研究领域							

主讲课程	现用教材名	作者及出版社	教材满意度
课程 1 □专 □本 □研 人数： 学期：□春□秋			□满意 □一般 □不满意 □希望更换
课程 2 □专 □本 □研 人数： 学期：□春□秋			□满意 □一般 □不满意 □希望更换
课程 3 □专 □本 □研 人数： 学期：□春□秋			□满意 □一般 □不满意 □希望更换

著书计划	

希望提供的样书

注：申请的样书必须与本表填写的授课情况相符。

书 号	书 名
ISBN 7-113-□□□□□	

意见和建议

此表请填写人据实填写，以详尽、清晰为盼。填妥后请选择以下任何一种方式将此表返回：（如方便请赐名片）

地址：北京市宣武区右安门西街 8 号 中国铁道出版社教材研究开发中心 **邮编**：100054

电话：(010)51873014 E-mail：book@ tdpress. com

图书详情可登录http://www. edusources. net 网站查询